高等职业教育"十四五"规划教材

Java Web 开发任务教程

严　梅　吴道君　何受倩◎主　编

黄龙泉◎副主编

U0310570

中国铁道出版社有限公司

CHINA RAILWAY PUBLISHING HOUSE CO., LTD.

内 容 简 介

本书从 Java Web 应用开发技术的原理出发,结合网站应用开发实例对各知识点进行详细讲解,并将知识点融入实际项目的开发中,项目中的每个任务解决一个实际开发中的技术要点。全书共分 8 个单元,包括搭建 Java Web 开发环境、Servlet 编程基础、JSP 编程技术、文件上传和下载、过滤器和监听器、JDBC 数据库技术、EL 表达式和 JSTL 标签、综合项目实战——在线购物商城。完成本书的学习后,读者即可使用 Java Web 相关技术搭建一个动态网站。

本书适合作为高等职业院校计算机相关专业的教材,也可作为各类 Java 技术培训班的教材,以及具有一定 Java 语言基础的人员的参考用书。

图书在版编目(CIP)数据

Java Web 开发任务教程 / 严梅,吴道君,何受倩主编. —2 版. —北京:中国铁道出版社有限公司,2022.1(2024.7重印)
高等职业教育"十四五"规划教材
ISBN 978-7-113-27945-5

Ⅰ.①J… Ⅱ.①严… ②吴… ③何… Ⅲ.①JAVA 语言-程序设计-高等职业教育-教材 Ⅳ.①TP312.8

中国版本图书馆 CIP 数据核字(2021)第 086198 号

书 名: Java Web 开发任务教程	
作 者:严 梅 吴道君 何受倩	
策 划:韩从付	**编辑部电话:**(010)51873202
责任编辑:陆慧萍 彭立辉	
封面设计:刘 颖	
责任校对:苗 丹	
责任印制:樊启鹏	

出版发行:中国铁道出版社有限公司(100054,北京市西城区右安门西街 8 号)
网   址:https://www.tdpress.com/51eds/
印   刷:三河市兴博印务有限公司
版   次:2017 年 8 月第 1 版 2022 年 1 月第 2 版 2024 年 7 月第 2 次印刷
开   本:787 mm×1 092 mm 1/16 **印张:**15 **字数:**353 千
书   号:ISBN 978-7-113-27945-5
定   价:41.00 元

前　言

　　Java 是一种简单的、跨平台的、面向对象的、分布式的、解释性的、健壮的、安全的、可移植的、性能优异的语言，自 1995 年 Sun 公司推出 Java 语言之后，已有二十多年的发展历史，出现了许多与之相关的技术和应用。Java Web 开发是用 Java 技术进行互联网领域的应用开发，目前，Java Web 技术已经成为企业进行 Web 开发所采用的主流解决方案之一。Java Web 技术包括 Servlet 技术、JSP 技术、JDBC 技术，以及 Struts、Spring 和 Hibernate 开源框架等一系列应用技术。本书作为 Java Web 开发入门级教程，以 Servlet 技术、JSP 技术为重点，详细介绍了应用 Java 技术开发 Web 应用的相关技术及编程方法。

　　本书致力于将知识点融入实际项目的开发中，从 Java Web 应用开发技术的原理出发，结合网站应用开发实例对各知识点进行详细讲解，每个任务解决一个实际开发中的技术要点。完成本书学习后，读者能使用 Java Web 相关技术搭建一个动态网站。本书在第一版的基础上，将 IDE 开发工具更新到行业内更加通用的 Eclipse 10，将 HTML 版本由 4.0 升级到了 HMTL5，Tomcat 由版本 7.x 升级到 9.x，并为任务透析部分配备了微视频讲解，方便读者扫描学习。本书将整个知识结构分为 8 个单元，每个单元的主要内容如下：

　　单元一主要介绍了 Web 开发中的常用技术，包括请求响应的过程、原理及 HTTP 请求响应模型相关的基本知识，以及如何搭建 Java Web 开发环境。

　　单元二主要介绍了 Servlet 技术，包括 Servlet 的创建、配置，Servlet 的生命周期，Servlet 读取表单数据、处理页面的跳转、处理头信息，Servlet 数据共享域、Cookie 的应用等内容。

　　单元三介绍了 JSP 编程技术，包括 JSP 的各种语法元素，包括 JSP 脚本元素、JSP 的指令元素、内建对象、JavaBean 等内容。

　　单元四介绍了文件上传和下载的原理，以及一些常见问题的解决方法。

　　单元五介绍了过滤器和监听器，包括过滤器的原理、作用、开发步骤；监听器的原理、开发步骤，列举了常用的监听器的作用和使用方法。

　　单元六介绍了 JDBC 数据库技术，使用 JDBC 中相关的接口和类实现对数据库的增删查改，以及事务、数据库连接池等内容。

　　单元七介绍了 EL 表达式和 JSTL 标签的使用，包括 EL 运算符、如何使用 EL 将各数据域中的内容显示到页面上，常见 JSTL 标签在页面上的使用等。

　　单元八展示了一个综合的网站项目，将前面所学的知识进行综合应用，介绍了 MVC 设计模式和 DAO 设计模式，并将设计模式运用到实际案例中；介绍了该实际案例的总体功能架构及数据库的设计；将网站开发关键难点技术做出详细的讲解，包括分页、文本编辑器的使用、购物车、订单提交、后台管理等内容。

　　本书各单元中的任务按照"任务描述"→"必备知识"→"任务透析"→"课堂提问"等几个环节来组织和编排，以任务为导向，贯穿案例教学的思想，符合认知规律，能提高学习的质量和学习效果。本书所有程序全部上机调试通过，另外，本书还提供了多媒体课件和所有的案例程序源码，可到 http://www.tdpress.com/51eds/下载。

　　本书由严梅、吴道君、何受倩任主编，黄龙泉任副主编。其中：单元二、单元三、单元四、单元八由严梅编写，单元五、单元六由吴道君编写，单元七由何受倩编写，单元一由黄龙泉编写。本书由张怡芳、王耀军审稿。

　　由于时间仓促，编者水平有限，书中难免存在疏漏和不足之处，敬请广大读者批评指正。如果有任何意见和建议，欢迎与我们联系，联系邮箱：yanmei200801@126.com。

编　者

2021 年 5 月

目录

搭建 Java Web 开发环境 «

理解 HTTP 请求响应模型，了解 Web 应用开发的技术及发展过程，了解常用的 JSP/Servlet 容器，掌握搭建 Eclipse+Tomcat+MySQL 工作环境的方法，学会开发一个基本的 Java Web 项目。

本单元包括以下几个任务：
- 理解 HTTP 请求响应模型
- 了解 Web 应用开发常用技术
- 搭建 Java Web 开发环境

任务一　理解 HTTP 请求响应模型

任务描述

了解访问网站的数据流转过程，了解 HTTP 协议，理解 HTTP 请求响应模型。

必备知识

1. 访问网站的完整流程

在浏览器的地址栏中输入百度网址，得到百度网站首页，可以将整个过程分为 7 步。网站请求响应示意图如图 1-1 所示。

① 客户机向 DNS 服务器请求解析 www.baidu.com 域名所对应的 IP 地址。

② DNS 系统解析出百度的地址是 14.215.177.37:443。

③ 客户机与服务器建立连接。

④ 客户机发出读取文件的请求命令。

⑤ 服务器对客户机的请求做出响应，把百度首页 HTML 文本内容返回给客户机。

⑥ 释放连接。

⑦ 客户机解析 HTML 文本，并显示百度网站首页中的内容。

2. HTTP 协议

超文本传输协议（HyperText Transfer Protocol，HTTP）是互联网上应用最广泛的一种网络协议，所有的 WWW 文件都必须遵守这个标准，HTTP 协议定义 Web 客户端如何从 Web 服务器请求 Web 页面，以及服务器如何把 Web 页面传送给客户端。设计 HTTP 的目的是提供一种发布和接收 HTML 页面的方法，它可以使浏览器更加高效，使网络传输减少，不仅保证计算机正确快速地传输超文本文档，还确定传输文档中的哪一部分，以及哪部分内容首先显示（如文本先于图形）等。浏览器通过 HTTP 传输协议将 Web 服务器上站点的网页代码提取出来，并翻译成网页。

HTTP 协议在发展过程中，经历了 HTTP1.0 和 HTTP1.1 两个阶段。

HTTP1.0 规定浏览器与服务器只保持短暂的连接，浏览器的每次请求都需要与服务器建立一个 TCP 连接，服务器完成请求处理后立即断开 TCP 连接，服务器不跟踪每个客户也不记录过去的请求。但是，这也造成了一些性能上的缺陷，例如，一个包含有许多图像的网页文件中并没有包含真正的图像数据内容，而只是指明了这些图像的 URL 地址。当 Web 浏览器访问这个网页文件时，浏览器首先要发出针对该网页文件的请求，当浏览器解析 Web 服务器返回的该网页文档中的 HTML 内容时，发现其中的 <img> 图像标签后，浏览器将根据 <img> 标签中的 src 属性所指定的 URL 地址再次向服务器发出下载图像数据的请求，如图 1-2 所示。

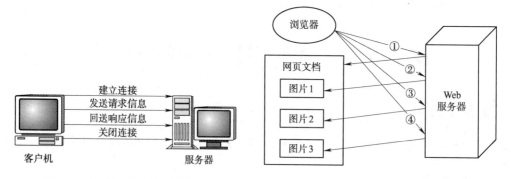

图 1-1　网站请求响应示意图　　　　　图 1-2　HTTP1.0 访问图解

显然，访问一个包含有许多图像的网页文件的整个过程包含了多次请求和响应，每次请求和响应都需要建立一个单独的连接，每次连接只是传输一个文档和图像，上一次和下一次请求完全分离。即使图像文件都很小，客户端和服务器端每次建立和关闭连接也是一个相对比较费时的过程，并且会严重影响客户机和服务器的性能。当一个网页文件中同时包含 JavaScript 文件、CSS 文件等内容时，也会出现类似上述情况。

为了克服 HTTP1.0 的这个缺陷，HTTP1.1 支持持久连接，在一个 TCP 连接上可以传送多个 HTTP 请求和响应，减少了建立和关闭连接的消耗和延迟。一个包含有许多图像的网页文件的多个请求和应答可以在一个连接中传输，但每个单独的网页文件的请求和应答仍然需要使用各自的连接。HTTP1.1 还允许客户端不用等待上一次请求结果返回，就可以发出下一次请求，但服务器端必须按照接收到客户端请求的先后顺序依次回送响应结果，以保证客户端能够区分出每次请求的响应内容，这样显著地减少了整个下载过程所需要的时间。基于 HTTP1.1 协议的客户机与服务器的信息交换过程如图 1-3 所示。

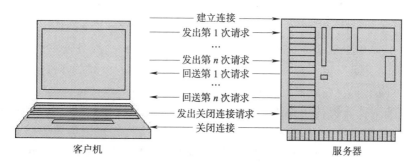

建立连接
发出第 1 次请求
...
发出第 n 次请求
回送第 1 次请求
...
回送第 n 次请求
发出关闭连接请求
关闭连接

客户机 服务器

图 1-3　HTTP1.1 访问图解

可见，HTTP1.1 在继承了 HTTP1.0 优点的基础上，也克服了 HTTP1.0 的性能问题。不仅如此，HTTP1.1 还通过增加更多的请求头和响应头来改进和扩充 HTTP1.0 的功能。例如，由于 HTTP1.0 不支持 Host 请求头字段，Web 浏览器无法使用主机头名来明确表示要访问服务器上的哪个 Web 站点，这样就无法使用 Web 服务器在同一个 IP 地址和端口号上配置多个虚拟 Web 站点。在 HTTP1.1 中增加 Host 请求头字段后，Web 浏览器可以使用主机头名来明确表示要访问服务器上的哪个 Web 站点，这就实现了在一台 Web 服务器上可以在同一个 IP 地址和端口号上使用不同的主机名来创建多个虚拟 Web 站点。HTTP1.1 的持续连接，也需要增加新的请求头来帮助实现，例如，Connection 请求头的值为 Keep-Alive 时，客户端通知服务器返回本次请求结果后保持连接；Connection 请求头的值为 Close 时，客户端通知服务器返回本次请求结果后关闭连接。HTTP1.1 还提供了与身份认证、状态管理和 Cache 缓存等机制相关的请求头和响应头。

3. URL 统一资源定位符

在浏览器的地址栏中输入的网站地址称为统一资源定位符（Uniform Resource Locator，URL），就像每家每户都有一个门牌地址一样，每个网页也都有一个 Internet 地址。当在浏览器的地址栏中输入一个 URL 或者单击一个超链接时，URL 就确定了要浏览的地址。

客户端是终端用户，服务器端是网站。通过使用 Web 浏览器、网络爬虫或者其他工具，客户端发起一个到某 URL 地址的 HTTP 请求，请求访问资源，如访问 HTML 文件和图像等。应答的服务器收到请求后，将对应的资源返回给客户端。

4. HTTP 请求/响应的步骤

HTTP 协议采用了请求/响应模型。客户端向服务器发送一个请求报文，请求报文包含请求的方法、URL、协议版本、请求头部和请求数据。服务器以一个状态行作为响应，响应的内容包括协议的版本、成功或者错误代码、服务器信息、响应头部和响应数据。

HTTP 请求响应的步骤如下：

① 客户端连接到 Web 服务器。一个 HTTP 客户端，通常是浏览器，与 Web 服务器的 HTTP 端口（默认为 80）建立一个 TCP 套接字连接。

②发送 HTTP 请求。通过 TCP 套接字，客户端向 Web 服务器发送一个文本的请求报文，一个请求报文由请求行、请求头部、空行和请求数据 4 部分组成。

③服务器接受请求并返回 HTTP 响应。Web 服务器解析请求，定位请求资源。服务器将资源副本写到 TCP 套接字，由客户端读取。一个响应由状态行、响应头部、空行和响应数据 4 部分组成。

④ 释放连接 TCP 连接。若 Connection 模式为 Close，则服务器主动关闭 TCP 连接，客户端被动关闭连接，释放 TCP 连接；若 Connection 模式为 Keep-Alive，则该连接会保持一段时间，在该时间内可以继续接收请求。

⑤ 客户端浏览器解析 HTML 内容。客户端浏览器首先解析状态行，查看表明请求是否成功的状态代码,然后解析每一个响应头,响应头告知以下为若干字节的 HTML 文档和文档的字符集。客户端浏览器读取响应数据 HTML，根据 HTML 的语法对其进行格式化，并在浏览器窗口中显示。

5. HTTP 报文结构

HTTP 报文由从客户机到服务器的请求和从服务器到客户机的响应构成。请求消息由请求头、报文主体组成。其中，请求头包含请求的方法、URL、协议版本，以及请求修饰符、客户信息和 MIME 类型等。报文格式如下：

请求行 - 通用信息头 - 请求头 - 实体头 - 报文主体

典型的请求头消息内容如下：

```
Get/HTTP 1.1
Host: www.baidu.com
Accept:"text/html,application/xhtml+xml,application/xml;q=0.9,*/*;q=0.8"
Pragma: no-cache
Cache-Control: no-cache
User-Agent: "Mozilla/5.0 (Windows NT 6.1; Win64; x64; rv:51.0) Gecko/
20100101 Firefox/51.0"
```

服务器以一个状态行作为响应，响应的内容包括消息协议的版本，成功或者错误的编码加上包含服务器信息、实体元信息以及可能的实体内容。响应报文格式如下：

状态行 - 通用信息头 - 响应头 - 实体头 - 报文主体

典型的响应头消息内容如下：

```
HTTP/1.0 200 OK
Date:Mon,20 Mar 2017 12:30:21 GMT
Expires:Mon,20 Mar 2017 12:29:37 GMT
Server:Apache/1.3.14(Unix)
Content-type:text/html; charset=utf-8
Last-modified:Tue,17Apr2016 06:46:28GMT
Content-length:39725426
Content-range:bytes55******/40279980
```

6. 请求方法

HTTP 协议中共定义了 8 种方法（又称"动作"）来表明对 Request-URI 指定的资源的不同操作方式，其表示的含义如表 1-1 所示。

表 1-1 HTTP 的 8 种请求方式

请 求 方 式	含　义
GET	向特定 URI 的资源发出请求
POST	向指定 URI 的资源提交数据进行处理请求（如提交表单或者上传文件）。数据被包含在请求体中。POST 请求可能会导致新的资源的创建和已有资源的修改
OPTIONS	返回服务器针对特定资源所支持的 HTTP 请求方法。也可以利用向 Web 服务器发送"*"的请求来测试服务器的功能
HEAD	向服务器索要与 GET 请求相一致的响应，只不过响应体将不会被返回。这一方法可以在不必传输整个响应内容的情况下，就可以获取包含在响应消息头中的元信息
PUT	向指定资源位置上传其最新内容
DELETE	请求服务器删除 Request-URI 所标识的资源
TRACE	回显服务器收到的请求，主要用于测试或诊断
CONNECT	保留将来使用

在 Web 开发中，最常用的方法为 GET 方法与 POST 方法。

（1）GET 方法

GET 方法是默认的 HTTP 请求方法，经常使用 GET 方法提交表单数据。但用 GET 方法提交的表单数据只经过简单的编码，同时作为 URL 的一部分向 Web 服务器发送，因此，如果使用 GET 方法提交表单数据就存在安全隐患。例如：

```
http://localhost/Test/LoginServlet?Name=Tom&Age=30&Password=123
```

从上面的 URL 请求中很容易辨认出表单提交的内容（即"？"之后的内容）。另外，因为 GET 方法提交的数据将作为 URL 请求的一部分，所以提交的数据量不能太大。

（2）POST 方法

POST 方法是 GET 方法的一个替代方法，它主要向 Web 服务器提交表单数据，尤其是大批量的数据。POST 方法克服了 GET 方法的一些缺点。通过 POST 方法提交表单数据时，数据不是作为 URL 请求的一部分，而是作为请求数据正文传送给 Web 服务器，这就克服了 GET 方法中的信息无法保密和数据量太小的缺点。因此，出于安全考虑以及对用户隐私的尊重，提交表单时建议采用 POST 方法。

7. 响应状态码

服务器一旦收到请求，会向客户端发回一个状态行，如"HTTP/1.1 200 OK"和（响应的）消息，其中 200 就是响应状态码。状态码元由 3 位数字组成，表示请求是否被理解或被满足。

状态代码的第一个数字代表当前响应的类型：

1xx 代表信息，即请求已被服务器接收，继续处理。

2xx 表示成功，即请求已成功被服务器接收、理解并接受。

3xx 表示重定向，即需要后续操作才能完成这一请求。

4xx 表示请求错误，即请求含有词法错误或者无法被执行。

5xx 表示服务器错误，即服务器在处理某个正确请求时发生错误。

具体编码代表的意义如表 1-2 所示。

表 1-2　HTTP 消息状态码详解

消　息	描　述
1xx:信息	
100 Continue	服务器仅接收到部分请求，但是一旦服务器并没有拒绝该请求，客户端应该继续发送其余的请求
101 Switching Protocols	服务器转换协议：服务器将遵从客户的请求转换到另外一种协议
2xx:成功	
200 OK	请求成功（其后是对 GET 和 POST 请求的应答文档）
201 Created	请求被创建完成，同时新的资源被创建
202 Accepted	供处理的请求已被接受，但是处理未完成
203 Non-authoritative Information	文档已经正常地返回，但一些应答头可能不正确，因为使用的是文档的副本
204 No Content	没有新文档，浏览器应该继续显示原来的文档。如果用户定期地刷新页面，而 Servlet 可以确定用户文档足够新，这个状态代码很有用
205 Reset Content	没有新文档，浏览器应该重置它所显示的内容。用来强制浏览器清除表单输入内容
206 Partial Content	客户发送了一个带有 Range 头的 GET 请求，服务器完成了它
3xx:重定向	
300 Multiple Choices	多重选择。链接列表。用户可以选择某链接到达目的地。最多允许 5 个地址
301 Moved Permanently	所请求的页面已经转移至新的 URL
302 Found	所请求的页面已经临时转移至新的 URL
303 See Other	所请求的页面可在别的 URL 下被找到
304 Not Modified	未按预期修改文档。客户端有缓冲的文档并发出了一个条件性的请求（一般提供 If-Modified-Since 头表示客户只想比指定日期更新的文档）。服务器告诉客户，原来缓冲的文档还可以继续使用
305 Use Proxy	客户请求的文档应该通过 Location 头所指明的代理服务器提取
306 Unused	此代码被用于前一版本，目前已不再使用，但是代码依然被保留
307 Temporary Redirect	被请求的页面已经临时移至新的 URL
4xx:客户端错误	
400 Bad Request	服务器未能理解请求
401 Unauthorized	被请求的页面需要用户名和密码
401.1	登录失败
401.2	服务器配置导致登录失败
401.3	由于 ACL 对资源的限制而未获得授权

续表

消　息	描　述
401.4	筛选器授权失败
401.5	ISAPI/CGI 应用程序授权失败
401.7	访问被 Web 服务器上的 URL 授权策略拒绝。这个错误代码为 IIS 6.0 所专用
402 Payment Required	此代码尚无法使用
403 Forbidden	对被请求页面的访问被禁止
403.1	执行访问被禁止
403.2	读访问被禁止
403.3	写访问被禁止
403.4	要求 SSL
403.5	要求 SSL 128
403.6	IP 地址被拒绝
403.7	要求客户端证书
403.8	站点访问被拒绝
403.9	用户数过多
403.10	配置无效
403.11	密码更改
403.12	拒绝访问映射表
403.13	客户端证书被吊销
403.14	拒绝目录列表
403.15	超出客户端访问许可
403.16	客户端证书不受信任或无效
403.17	客户端证书已过期或尚未生效
403.18	在当前的应用程序池中不能执行所请求的 URL。这个错误代码为 IIS 6.0 所专用
403.19	不能为这个应用程序池中的客户端执行 CGI。这个错误代码为 IIS 6.0 所专用
403.20	Passport 登录失败。这个错误代码为 IIS 6.0 所专用
404 Not Found	服务器无法找到被请求的页面
404.0	（无）——没有找到文件或目录
404.1	无法在所请求的端口上访问 Web 站点
404.2	Web 服务扩展锁定策略阻止本请求
404.3	MIME 映射策略阻止本请求
405 Method Not Allowed	请求中指定的方法不被允许

续表

消　息	描　述
406 Not Acceptable	服务器生成的响应无法被客户端所接受
407 Proxy Authentication Required	用户必须首先使用代理服务器进行验证，这样请求才会被处理
408 Request Timeout	请求超出了服务器的等待时间
409 Conflict	由于冲突，请求无法被完成
410 Gone	被请求的页面不可用
411 Length Required	Content-Length 未被定义。如果无此内容，服务器不会接受请求
412 Precondition Failed	请求中的前提条件被服务器评估为失败
413 Request Entity Too Large	由于所请求的实体太大，服务器不会接受请求
414 Request-url Too Long	由于 URL 太长，服务器不会接受请求。当 POST 请求被转换为带有很长的查询信息的 GET 请求时，就会发生这种情况
415 Unsupported Media Type	由于媒介类型不被支持，服务器不会接受请求
416 Requested Range Not Satisfiable	服务器不能满足客户在请求中指定的 Range 头
417 Expectation Failed	执行失败
423	锁定的错误
5xx:服务器错误	
500 Internal Server Error	请求未完成。服务器遇到不可预知的情况
500.12	应用程序正忙于在 Web 服务器上重新启动
500.13	Web 服务器太忙
500.15	不允许直接请求 Global.asa
500.16	UNC 授权凭据不正确。这个错误代码为 IIS 6.0 所专用
500.18	URL 授权存储不能打开。这个错误代码为 IIS 6.0 所专用
500.100	内部 ASP 错误
501 Not Implemented	请求未完成。服务器不支持所请求的功能
502 Bad Gateway	请求未完成。服务器从上游服务器收到一个无效的响应
502.1	CGI 应用程序超时
502.2	CGI 应用程序出错
503 Service Unavailable	请求未完成。服务器临时过载或宕机
504 Gateway Timeout	网关超时
505 HTTP Version Not Support	服务器不支持请求中指明的 HTTP 协议版本

任务透析

通常，一个 HTTP 请求/响应的工作流程大概可以用以下 4 步来概括：

步骤 1：客户端浏览器先要与服务器建立连接，在浏览器上最常见的场景就是单击一个链接，这就触发了连接的建立。

步骤 2：连接建立后，客户端浏览器发送一个请求到服务器，这个过程其实是组装请求报文的过程。

步骤 3：服务器端接收到请求报文后，对报文进行解析，组装成一定格式的响应报文，返回给客户端。

步骤 4：客户端浏览器接收到响应报文后，通过浏览器内核对其进行解析，按照一定的外观进行显示，然后与服务器断开连接。

课堂提问

① 简述 HTTP 协议的作用。
② 访问网站的完整流程是什么？
③ GET 方法和 POST 方法有何区别？分别何时用到 GET 和 POST 方法？

任务二　了解 Web 应用开发常用技术

任务描述

了解 Web 应用开发常用的技术，比较服务器端技术和客户端技术的区别。

必备知识

1．客户端技术

（1）HTML+CSS

HTML（超文本标记语言）是标准通用标记语言下的一个应用。"超文本"就是指页面内可以包含图片、链接，甚至音乐、程序等非文字元素。超文本标记语言的结构包括"头"部分（Head）和"主体"部分（Body），其中"头"部分提供关于网页的信息，"主体"部分提供网页的具体内容。网页的本质就是 HTML 通过结合使用其他的 Web 技术（如脚本语言、公共网关接口、组件等），可以创造出功能强大的网页。因此，HTML 是万维网编程的基础，也就是说万维网是建立在超文本基础之上的。

CSS（Cascading Style Sheet，层叠样式表，或级联样式表）是一组格式设置规则，用于控制 Web 页面的外观。通过使用 CSS 样式设置页面的格式，可将页面的内容与表现形式分离。页面内容存放在 HTML 文档中，而用于定义表现形式的 CSS 规则则存放在另一个文件中或 HTML 文档的某一部分，通常为文件"头"部分。将内容与表现形式分离，不仅可使维护站点的外观更加容易，而且还可以使 HTML 文档代码更加简练，缩短浏览器的加载时间。

（2）JavaScript

JavaScript 是一种直译式脚本语言，是一种动态类型、弱类型、基于原型的语言，内置支持类型。它的解释器称为 JavaScript 引擎，为浏览器的一部分，广泛用于客户端的脚本语言，最早在 HTML 网页上使用，用来给 HTML 网页增加动态效果。JavaScript 脚本语言同其他语言一样，有它自身的基本数据类型、表达式和算术运算符及程序的基本程序框架。JavaScript 提供了 4 种基本的数据类型和 2 种特殊数据类型用来处理数据和文字。变量提供存放信息的地方，表达式则可以完成较复杂的信息处理。

（3）JQuery

JQuery 是一个快速、简洁的 JavaScript 框架，是继 Prototype 之后又一个优秀的

JavaScript 代码库（或 JavaScript 框架）。JQuery 设计的宗旨是"Write Less，Do More"，即倡导写更少的代码，做更多的事情。它封装 JavaScript 常用的功能代码，提供一种简便的 JavaScript 设计模式，优化 HTML 文档操作、事件处理、动画设计和 Ajax 交互。

JQuery 的核心特性可以总结为：具有独特的链式语法和短小清晰的多功能接口；具有高效灵活的 CSS 选择器，并且可对 CSS 选择器进行扩展；拥有便捷的插件扩展机制和丰富的插件。JQuery 兼容各种主流浏览器，如 IE 6.0+、FF 1.5+、Safari 2.0+、Opera 9.0+等。

2. 服务器端技术

在开发动态网站时，离不开服务器端技术，服务器端技术主要有 CGI、ASP、PHP、ASP.NET 和 Java EE 等。

（1）CGI

CGI（Common Gateway Interface，通用网关接口）是最早用来创建动态网页的技术，它可以使浏览器与服务器之间产生互动。它允许使用不同语言编写适合的 CGI 程序，该程序被放在 Web 服务器上运行。当客户端发出请求给服务器时，服务器根据用户请求建立一个新的进程来执行指定的 CGI 程序并将执行结果以网页的形式返回给客户端的浏览器并显示出来。虽然 CGI 是当前应用程序的基础技术，但这种技术的编制比较困难，且效率低下，因为每次页面被请求时，都要求服务器重新将 CGI 程序编写成可执行的代码。在 CGI 中最常用的语言有 C/C++、Java 和 Perl。

（2）ASP

ASP（Active Server Page，活动服务器页面）是一种很广泛的开发动态网站的技术。它通过在页面代码中嵌入 VBScript 或 JavaScript 脚本语言生成动态的内容。但必须要在服务器端安装适当的解释器后，才可以通过调用此解释器来执行脚本程序，然后将执行结果与静态内容部分结合并传送到客户端浏览器上。对于一些复杂的操作，ASP 可以调用存在于后台的 COM 组件来完成，所以说 COM 组件无限地扩充了 ASP 的功能。本地的 COM 组件主要用于 Windows NT 平台中，它的优点是简单易学，并且 ASP 与微软的 IIS 捆绑在一起，在安装 Windows 操作系统的同时安装上 IIS 即可运行 ASP 程序。

（3）PHP

PHP（Hypertext Preprocessor，超文本预处理器）的语法类似于 C，并且混合了 Perl、C++和 Java 的一些特性，它是一种开源的 Web 服务器脚本语言，与 ASP 一样可以在页面中加入脚本代码生成动态内容。对于一些复杂的操作可以封装到类或函数中。在 PHP 中提供了许多已经定义好的函数，例如，提供的标准数据库接口，使得数据库连接方便，扩展性强。PHP 可以被多个平台支持，但被应用最广泛的还是 UNIX/Linux 平台。由于 PHP 本身的代码对外开放，经过了许多软件工程师的检测，因此该技术具有公认的安全性能。

（4）ASP.NET

这种建立动态 Web 应用程序的技术，是.NET 框架的一部分，可以使用任何.NET 兼容的语言编写 ASP.NET 应用程序。使用 Visual Basic.NET、C#、J#、ASP.NET 页面（Web Forms）进行编译可以提供比脚本语言更出色的性能。Web Forms 允许在网页基础上建立强大的窗体。当建立页面时，可以使用 ASP.NET 服务端控件建立常用的 UI 元素，通过对它们编程可完成一般的任务。这些控件允许开发者使用内建可重用的组件和自定义组件快速建立 Web Forms，使代码简单化。

（5）Java EE

Java EE 是 Sun 公司（2009 年 4 月 20 日被甲骨文公司收购）推出的企业级应用程序版本。这个版本以前称为 J2EE。能够帮助用户开发和部署可移植、健壮、可伸缩且安全的服务器端 Java 应用程序。Java EE 是在 Java SE 的基础上构建的，它提供 Web 服务、组件模型、管理和通信 API，可以用来实现企业级的面向服务体系结构（Service Oriented Architecture，SOA）和 Web 2.0 应用程序。

Java EE 体系结构非常庞大，包括 JDBC、JNDI、EJB、RMI、JSP、Servlet、XML、JMS、Java IDL、JTS、JTA、JavaMail 和 JAF。本书重点介绍 JSP、Servlet、JDBC 等技术的核心内容。

Servlet（Server Applet）是用 Java 编写的服务器端程序。其主要功能在于交互式地浏览和修改数据，生成动态 Web 内容。Servlet 运行于支持 Java 的应用服务器中。从实现上讲，Servlet 可以响应任何类型的请求，但绝大多数情况下 Servlet 只用来扩展基于 HTTP 协议的 Web 服务器。

JSP（Java Server Pages，Java 服务器页面）是一个简化的 Servlet 设计，它是由 Sun Microsystems 公司倡导、许多公司参与一起建立的一种动态网页技术标准。JSP 技术有点类似 ASP 技术，它是在传统的网页 HTML 文件(*.htm、*.html)中插入 Java 程序段(Scriptlet)和 JSP 标记（Tag），从而形成 JSP 文件，扩展名为.jsp。用 JSP 开发的 Web 应用是跨平台的，既能在 Linux 系统运行，也能在其他操作系统上运行。它实现了 HTML 语法中的 Java 扩展（以<%、%>形式）。JSP 与 Servlet 一样，是在服务器端执行的，通常返回给客户端的是一个 HTML 文本，因此客户端只要有浏览器就能浏览。

JDBC（Java DataBase Connectivity，Java 数据库连接）是一种用于执行 SQL 语句的 Java API，可以为多种关系数据库提供统一访问接口，它由一组用 Java 语言编写的类和接口组成。JDBC 提供了一种基准，据此可以构建更高级的工具和接口，使数据库开发人员能够编写数据库应用程序。

Java EE 的发展非常迅速，从 Java EE 5 到 Java EE 7，新特性层出不穷。例如，一些基于 JVM 平台的 Grails、Scala，主流 SSH 框架，谷歌的 GWT，BPM 工作流的 JBPM、Activiti、Vaadin、OSGI，Apache 组织的大量协议组件和库，各种开源模板技术，各种搜索引擎，各种规则引擎等，读者可以在掌握本书内容的基础上，开展后续的学习。

任务透析

在 Web 应用程序中，每个任务都以请求和响应的方式执行。

① 客户端程序是在 Internet Explorer，Mozilla 和 chrome 浏览器中执行的。

服务器端编程 Servlet 在 Tomcat、web-logic、jboss、WebSphere 服务器中执行。

② 客户端编程包括 HTML（HTML、HTML5、DHTML）、CSS（CSS、CSS3）和 JavaScript（JavaScript、ES5、ES6、ES7、TypeScript、JQuery、ReactJs、AngularJs、BackboneJs 或任何其他 JavaScript 前端框架）。

而服务器端编程包括向客户端提供数据的代码，用户永远无法看到服务器端代码。服务器端编程涉及编程语言（Java、PHP、.Net、C # 、C、C ++、NodeJS 等）、数

据库（SQL、Oracle、MySQL、PostgreySql、No-Sql、MongoDB 等）。

课堂提问

① 谈谈你所了解的客户端和服务器端技术，分析其各自的特点。
② Java EE 技术和 Java SE 技术有什么区别和联系？

任务三　搭建 Java Web 开发环境

任务描述

了解进行 Java Web 开发所需要的软件，如何安装和配置它们；开发出第一个 Java Web 项目，并发布到服务器。

必备知识

1. 常用的 JSP/Servlet 容器

Web 服务器是运行及发布 Web 应用的容器，只有将开发的 Web 项目放置到该容器中，才能使网络中的所有用户通过浏览器进行访问。开发 Java Web 应用所采用的服务器主要是与 JSP/Servlet 兼容的 Web 服务器，比较常用的有 Tomcat、Resin、JBoss、WebSphere 和 WebLogic 等，下面将分别进行介绍。

（1）Tomcat 服务器

Tomcat 是 Apache 软件基金会（Apache Software Foundation）Jakarta 项目中的一个核心项目，由 Apache、Sun 和其他一些公司及个人共同开发而成。Tomcat 服务器是一个免费的开放源代码的 Web 应用服务器，属于轻量级应用服务器，在中小型系统和并发访问用户不是很多的场合下被普遍使用，是开发和调试 JSP 程序的首选。因为 Tomcat 技术先进、性能稳定，而且免费，因此深受 Java 爱好者的喜爱并得到部分软件开发商的认可，成为目前比较流行的 Web 应用服务器。

（2）JBoss 服务器

JBoss 是一个遵从 Java EE 规范的、开放源代码的、纯 Java 的 EJB 服务器，对于 Java EE 有很好的支持。JBoss 采用 JML API 实现软件模块的集成与管理，其核心服务是提供 EJB 服务器，但不包含 Servlet 和 JSP 的 Web 容器，不过它可以和 Tomcat 完美结合。

（3）WebSphere 服务器

WebSphere 是 IBM 公司的产品，可进一步细分为 WebSphere Performance Pack、Cache Manager 和 WebSphere Application Server 等系列，其中 WebSphere Application Server 是基于 Java 的应用环境，可以运行于 Sun Solaris、Windows NT 等多种操作系统平台，用于建立、部署和管理 Internet 和 Intranet Web 应用程序。

（4）WebLogic 服务器

WebLogic 是 BEA 公司的产品，可进一步细分为 WebLogic Server、WebLogic Enterprise 和 WebLogic Portal 等系列，其中 WebLogic Server 的功能特别强大。WebLogic 支持企业级的、多层次的和完全分布式的 Web 应用，并且服务器的配置简单、界面

友好。对于那些正在寻求能够提供 Java 平台所拥有的一切应用服务器的用户来说，WebLogic 是一个十分理想的选择。

2．搭建 Tomcat+MyEclipse+MySQL 的工作环境

（1）下载并安装 Tomcat 服务器

Tomcat 的下载地址为 http://tomcat.apache.org/，如图 1-4 所示。Tomcat 官网所提供的各下载版本有分别支持各大操作系统的安装版本及解压缩版本。目前提供的版本有 Tomcat 7.x~Tomcat 10.x。如果配合 Eclipse 使用，需要结合 Eclipse 所支持的最新版本进行选择。本书配合的 IDE 开发工具是 Eclipse 10，最多支持到 Tomcat 9.x，选择 Tomcat 9 的解压缩版本（见图 1-5），下载后直接解压缩即可。

解压缩后的 Tomcat 目录结构如图 1-6 所示。

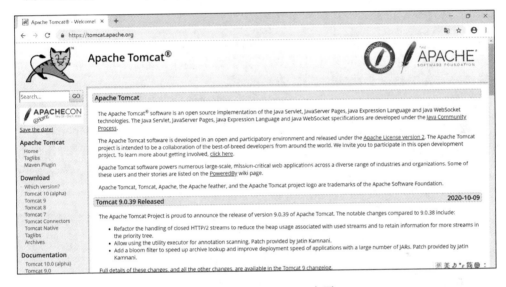

图 1-4　Apache Tomcat 主页

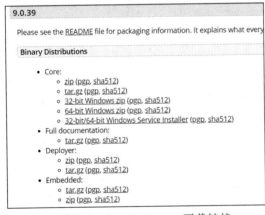

图 1-5　Apache Tomcat 下载链接

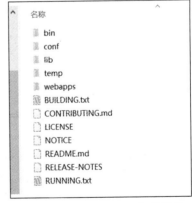

图 1-6　Apache Tomcat 文件目录

下面对 Tomcat 目录进行详细介绍：

① bin：该目录下存放的是二进制可执行文件，如果是安装版，这个目录下会有两个 exe 文件：tomcat9.exe、tomcat9w.exe，前者是在控制台下启动 Tomcat，后者是弹出 UGI 窗

口启动 Tomcat；如果是解压版，会有 startup.bat 和 shutdown.bat 文件，startup.bat 用来启动 Tomcat，但需要先配置 JAVA_HOME 环境变量才能启动，shutdawn.bat 用来停止 Tomcat。

② conf：包含一系列的 XML 配置文件，配置整个服务器的信息，主要有 server.xml、web.xml、tomcatusers.xml 等。其中，server.xml 用于配置整个服务器的信息，如修改端口号、添加虚拟主机等；tomcatusers.xml 用于存储 Tomcat 用户的文件，这里保存的是 Tomcat 的用户名及密码，以及用户的角色信息。web.xml 用于部署描述符文件，配置 Web 工程中的 JspServlet 和 DefaultServlet 两个基本的 Servlet，这个文件中注册了各种网站支持的 MIME 类型。context.xml 用于对所有应用进行统一配置，通常不用修改。

③ lib：Tomcat 的类库 jar 文件。如果需要添加 Tomcat 依赖的 jar 文件，可以把它放到这个目录中，当然也可以把应用依赖的 jar 文件放到这个目录中，这个目录中的 jar 所有项目都可以共享。

④ temp：存放 Tomcat 的临时文件，这个目录下的内容可以在停止 Tomcat 后删除。

⑤ webapps：存放 Web 项目的目录，其中每个文件夹都是一个项目；如果这个目录下已经存在了目录，都是 Tomcat 自带的项目。

（2）安装 JDK

JDK 全称 Java SE Development Kit(JDK)，即 Java 开发工具包，是 Oracle 提供的一套用于开发 Java 应用程序的开发包，它提供编译，运行 Java 程序所需要的各种工具和资源，包括 Java 编译器、Java 运行时环境，以及常用的 Java 类库等。本书采用的是 Java SE 11 版本，下载界面如图 1-7 所示。

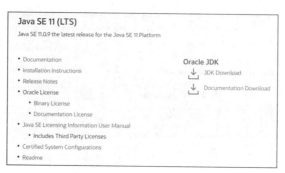

图 1-7　Java SE 11 下载界面

JDK 下载完成后，按照提示安装即可，安装过程中会自动配置系统环境变量。

（3）安装 Eclipse

Eclipse 是一个开放源代码的、基于 Java 的可扩展开发平台。就其本身而言，它只是一个框架和一组服务，用于通过插件组件构建开发环境。从 2018 年 9 月开始，Eclipse 每 3 个月发布一个版本，版本代号直接使用年份和月份，当前已经发布到 Eclipse 2020-09（4.17 版本）。

Eclipse 是 Java 开发者最喜欢的工具之一，它具有强大的编辑、调试功能，如今已经成为最流行的 Java 开发 IDE 工具。在 Eclipse 的官方网站中提供了一个 Java EE 版的 Eclipse IDE，即 Eclipse IDE for Enterprise Java Developers，如图 1-8 所示，它既可以创建 Java 项目，也可以创建动态 Java Web 项目。

Eclipse 无须安装，只需下载解压缩即可，注意在使用 Eclipse 进行 Java Web 开发前，要确保本机已安装 JDK 开发环境，不同版本的 Eclipse 需要对应不同的 JDK 的版本，本书采用的是 Eclipse 2020-09（4.17.0）版本，对应的 JDK 版本为 jdk-11.0.9。

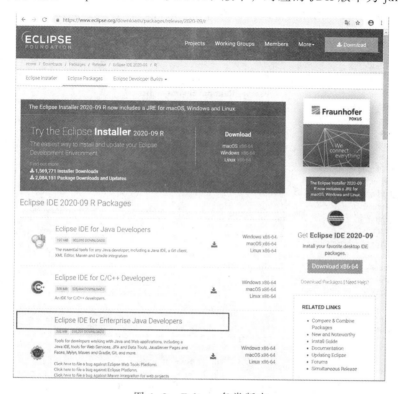

图 1-8　Eclipse 各类版本

Eclipse 的编辑功能十分强大，掌握了编辑相关的快捷键，能够大大提高开发效率。Eclipse 提供的部分常用快捷键如表 1-3 所示。

表 1-3　Eclipse 常用的快捷键

快　捷　键	功　　能
Ctrl+1	快速修复
Ctrl+D	删除当前行
Ctrl+Alt+↓	复制当前行到下一行（复制增加）
Ctrl+Alt+↑	复制当前行到上一行（复制增加）
Alt+↓	当前行和下面一行交互位置
Alt+↑	当前行和上面一行交互位置
Alt+←	前一个编辑的页面
Alt+→	下一个编辑的页面
Alt+/	补全当前所输入代码
Ctrl+L	定位在某行
Ctrl+/	注释当前行,再按则取消注释
Ctrl+Shift+F	格式化当前代码

（4）在 Eclipse 中配置 Tomcat 服务器

若需要在 Eclipse 中进行 Java Web 开发，需要将 Tomcat 服务器配置到 Eclipse 中。步骤如下：

① 点击 Window→Preferences，打开 Preferences 对话框，选择 Server→Runtime Environments 选项，如图 1-9 所示。

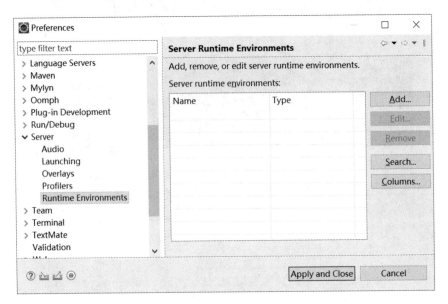

图 1-9　Preferences 对话框

② 单击 Add 按钮，打开选择服务器版本对话框，如图 1-10 所示。

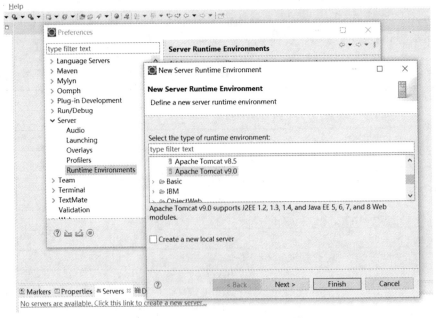

图 1-10　选择服务器版本对话框

③ 选择 Apache Tomcat v9.0，单击 Next 按钮，选择 Tomcat 解压缩的位置，单击 Finish 按钮，如图 1-11 所示。

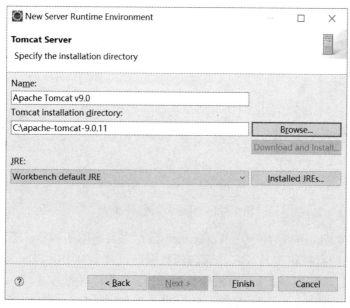

图 1-11　选择 Tomcat 安装位置

（4）下载并安装 MySQL

MySQL 是基于客户机/服务器（Client/Server，C/S）体系结构的关系型数据库管理系统，它具有体积小、易于安装、运行速度快、功能齐全、成本低和开源等特点。从 MySQL 数据库的官方网站（http://dev.mysql.com/downloads）下载要安装的数据库版本并进行安装，安装后运行 MySQL，如图 1-12 所示。

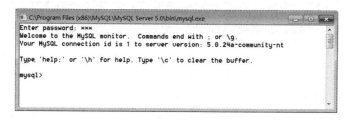

图 1-12　MySQL 运行界面

MySQL 本身只提供了命令行操作界面，要在图形界面上操作 MySQL 数据库，必须安装第三方 MySQL 图形化管理工具。图形化管理工具在操作时采用菜单方式进行，以下是几种常用的 MySQL 图形化管理工具。

① Navicat for MySQL：Navicat Premium 是一套数据库管理工具，结合了其他 Navicat 成员的功能，支持单一程序同时连接到 MySQL、MariaDB、SQL Server、SQLite、Oracle 和 PostgreSQL 数据库。Navicat Premium 可满足现今数据库管理系统的使用功能，包括存储过程、事件、触发器、函数、视图等，Navicat 运行界面如图 1-13 所示。

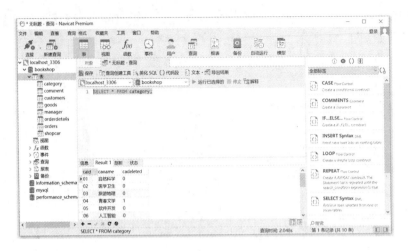

图 1-13　Navicat 运行界面

② MySQL Workbench：MySQL Workbench 是专为数据库架构师、开发人员和 DBA 打造的一个统一的可视化工具。它是著名的数据库设计工具 DBDesigner4 的继任者。可以使用 MySQL Workbench 设计和创建数据库图示、建立数据库文档，并进行复杂的 MySQL 迁移。MySQL Workbench 是下一代可视化数据库设计、管理工具，它同时有开源和商业化两个版本。该软件支持 Windows 和 Linux 操作系统。

MySQL Workbench 为数据库管理员、程序开发者和系统规划师提供可视化设计、模型建立，以及数据库管理功能。它可用于创建复杂的数据建模（如 E-R 模型）、正向和逆向数据库工程，也可用于执行通常需要花费大量时间和难以变更和管理的文档任务，MySQL Workbench 运行界面如图 1-14 所示。

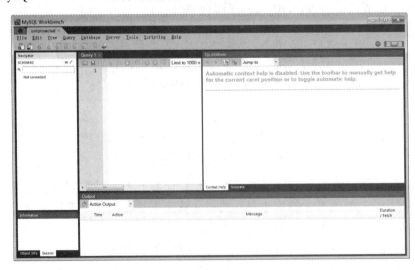

图 1-14　MySQL Workbench 运行界面

③ SQLyog：SQLyog 是 Webyog 公司出品的一款简洁高效、功能强大的图形化 MySQL 数据库管理工具。这款工具是使用 C++ 语言开发的。用户可以使用此工具有效

地管理 MySQL 数据库。该工具包含查询结果集合、查询分析器、服务器消息、表格数据、表格信息及查询历史，它们都以标签的形式显示在界面上，开发人员只要单击鼠标即可。此外，该工具不仅可以通过 SQL 文件进行大量文件的导入与导出，而且还可以导入与导出 XML、HTML 和 CSV 等多种格式的数据。SQLyog 运行界面如图 1-15 所示。

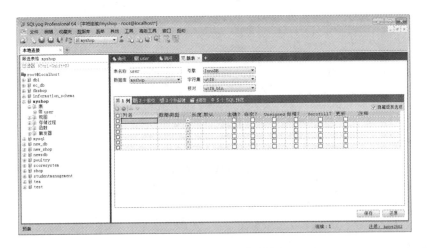

图 1-15　SQLyog 运行界面

任务透析

搭建好 Java Web 开发环境后，开发第一个 Java Web 项目。

步骤 1：打开 Eclipse，切换到 Java EE 透视图，新建 Dynamic Web Project，命名工程为 HelloWorld，选择 Target runtime 为 Apache Tomcat v9.0，选择 Dynamic web module version 为 2.5 版本，如图 1-16 所示。

视频 1.1　开发第一个 Java Web 项目

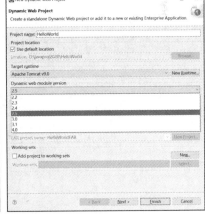

图 1-16　新建 Web 项目

步骤 2：新建工程后，打开工程的文件夹树状结构，在 WebContent 目录上右击选择 New→JSP File 命令，新建一个名为 index.jsp 的页面，如图 1-17 和图 1-18 所示，在<body></body>标签对中进行页面内容的编辑，如图 1-19 所示。

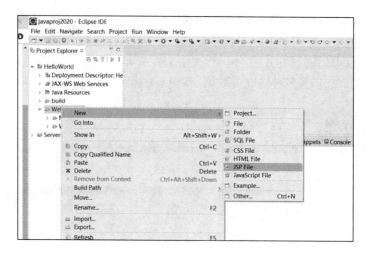

图 1-17　新建一个项目

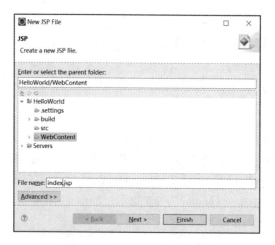

图 1-18　选择项目文件夹

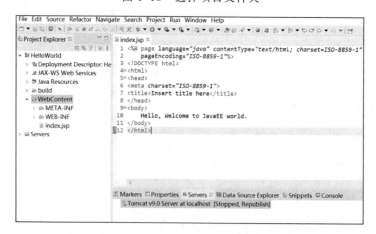

图 1-19　编辑 index.jsp 页面

步骤 3： 在 index.jsp 页面右击，选择 Run As→Run on Server 命令发布工程，选择服务器如图 1-20 所示。

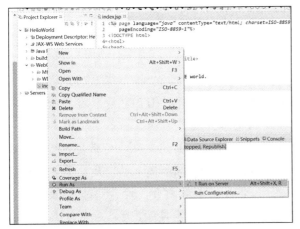 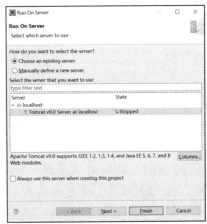

图 1-20 发布工程，选择服务器

工程成功发布后，在 Eclipse 默认的浏览器中有页面运行结果，如图 1-21 所示。

步骤 4：打开 Google 浏览器，在地址栏中输入 http://localhost:8080/HelloWorld/index.jsp 并按【Enter】键，工程运行成功，如图 1-22 所示。

 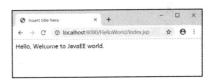

图 1-21　页面运行结果 　　　　　图 1-22　在 Google 浏览器中成功运行页面

步骤 5：若想在页面上显示中文，需要将页面的字符编码格式设置为支持中文的字符编码，如 UTF-8、GB2312、GBK 等。修改 index.jsp 页面的各类字符编码属性为 UTF-8，如图 1-23 所示。

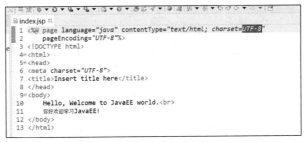

图 1-23　修改字符编码为支持中文显示

课堂提问

① 列举你所了解的 Web 服务器，谈谈你对它们的认识。

② 为什么要使用 MySQL 图形化界面管理工具？目前市面上 MySQL 的图形界面管理化工具有哪些？各自有什么特点？

③ 一个 Java Web 工程的结构和一个 Java 工程的结构有何不同？

④ 运行一个 Java Web 工程和一个 Java 工程的区别在哪里？

单 元 小 结

本单元主要完成了 Java Web 开发所需要的准备工作，包括介绍 HTTP 的概念、HTTP 请求响应模型、HTTP 1.0 和 HTTP 1.1 的区别，并对 HTTP 请求消息和响应消息进行了初步介绍；还介绍了 Web 开发常用的客户端技术和服务器端技术，重点介绍了 Java EE 技术的主要核心内容；最后介绍了 Java Web 开发环境的搭建，包括安装 JDK、Eclipse、Tomcat 服务器、MySQL，以及 MySQL 图形化工具，开发了第一个简单的 Java Web 程序，并发布到服务器运行。学习完本单元后，读者可对 Web 开发基础技术有整体的认识，并对 Java Web 开发流程进行了初步接触，为以后学习 Java Web 开发奠定坚实的基础。在后续的单元中，将进一步详细介绍 Java EE 的核心技术。

思 考 练 习

一、选择题

1. Tomcat 的默认端口号为（　　　）。
　　A．8080　　　　　　B．8888　　　　　　C．8800　　　　　　D．8000
2. 服务器返回数据成功，返回的状态码为（　　　）。
　　A．500　　　　　　B．405　　　　　　C．404　　　　　　D．200
3. 找不到资源，返回的状态码为（　　　）。
　　A．500　　　　　　B．405　　　　　　C．404　　　　　　D．200
4. 服务器端程序错误，返回的状态码为（　　　）。
　　A．500　　　　　　B．405　　　　　　C．404　　　　　　D．200
5. 目前所广泛应用的 HTTP 协议的版本是（　　　）。
　　A．1.0　　　　　　B．1.1　　　　　　C．1.2　　　　　　D．2.0
6. 以下属于客户端编程技术的是（　　　）。
　　A．Eclipse　　　　B．JDBC　　　　　C．JavaScript　　　D．Servlet
7. 工程发布到 Tomcat 服务器后，可以在（　　　）文件夹下看到发布后的工程目录。
　　A．webapps　　　　B．bin　　　　　　C．lib　　　　　　D．src

二、填空题

1. HTTP 请求方式有 8 种，其中最常用的是_____和_____。
2. 测试 Tomcat 是否启动成功，可以访问 Tomcat 的首页，地址为_____。
3. 将一个工程名为 MyShop 发布到 Tomcat 服务器，此工程 WebRoot 下有一个页面 index.jsp，则通过浏览器访问该工程的 index.jsp 页面的 URL 为_____。

Servlet 编程基础 <<<

Servlet 是 Java Web 技术的核心基础之一，掌握 Servlet 编程是 Java Web 技术开发人员的基本要求。Servlet 是用 Java 编写的服务器端程序，其主要功能在于交互式地浏览和修改数据，生成动态 Web 内容，进行页面转发和跳转。本单元主要运用 Servlet 技术，进行网站服务器端程序部分功能的开发。

本单元包括以下几个任务：
● 开发第一个 Servlet 程序
● 测试 Servlet 的生命周期
● 使用 Servlet 读取表单数据
● 使用 Servlet 处理页面的跳转
● 使用 Servlet 处理头信息
● 使用 Servlet 的数据共享域
● 使用 Servlet 处理 Cookie

任务一　开发第一个 Servlet 程序

任务描述

编写并配置一个简单的 Servlet 程序，向客户端输出一个 HTML 页面，将其发布到 Web 容器中，在浏览器中访问这个 Servlet，得到响应内容页面。

必备知识

1. Servlet 简介

Servlet 全称 Java Servlet，是用 Java 编写的服务器端程序，其本质是一个遵从 Java Servlet API 的 Java 类，必须部署在 Java Servlet 容器中才能使用。其主要功能在于交互式地浏览和修改数据，生成动态 Web 内容。也就是说，一般用 Servlet 收集来自网页表单的用户输入，呈现来自数据库或者其他源的记录，动态创建网页。

Servlet 运行在支持 Java 的应用服务器中，通常通过 HTTP（超文本传输协议）接收和响应来自 Web 客户端的请求。最早支持 Servlet 标准的是 JavaSoft 的 Java Web

Server，此后，一些其他的基于 Java 的 Web 服务器开始支持标准的 Servlet。

狭义的 Servlet 是指 Java 语言实现的一个接口，位于 javax.servlet 包下。广义的 Servlet 是指任何实现了这个 Servlet 接口的类，一般情况下，人们将 Servlet 理解为后者。Java Servlet 就像任何其他的 Java 类一样已经被创建和编译。在安装 Java Servlet 包并把它们添加到计算机上的 Classpath 类路径中之后，就可以通过 JDK 的 Java 编译运行工具来编译并运行 Servlet。Servlet 处理请求响应的交互过程如图 2-1 所示。

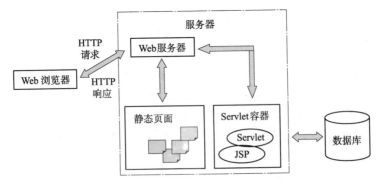

图 2-1　Servlet 程序的交互过程

2. Servlet 的继承关系

Servlet 编程需要使用到 javax.servlet 和 javax.servlet.http 包下面的一系列类和接口，如图 2-2 所示。

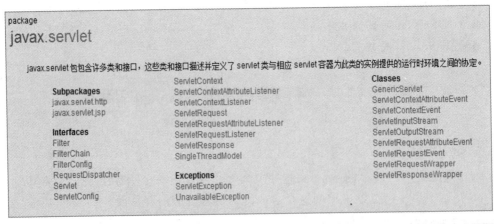

图 2-2　Servlet 核心包类和接口总图预览

运用这些类和接口，可以编写一个扩展 javax.servlet.GenericServlet 的一般 Servlet，或者编写一个扩展 javax.servlet.http.HttpServlet 类的 HTTP Servlet。本书重点介绍扩展 HttpServlet 类，来完成遵守 HTTP 协议的 Java Web 开发。

（1）javax.servlet.GenericServlet 类介绍

```
public abstract class javax.servlet.GenericServlet
    Implements: Servlet, ServletConfig, java.io.Serializable
    Extended by: HttpServlet
```

GenericServlet 实现了 Servlet 和 ServletConfig 接口，用于定义一般的、与协议无关的 Servlet。要编写用于 Web 上的 HTTP Servlet，该扩展其子类 javax.servlet.http. HttpServlet，在开发中，扩展 HttpServlet 更为广泛。

（2）javax.servlet.HttpServlet 类介绍

```
public abstract class javax.servlet.http.HttpServlet
    Extends: GenericServlet
    Implements: java.io.Serializable
```

提供将要被子类化以创建适用于 Web 站点的 HTTP Servlet 的抽象类。HttpServlet 继承自 GenericServlet，用于处理 HTTP 请求。

HttpServlet 的子类必须至少重写一个方法，该方法通常是表 2-1 中所列方法之一。

表 2-1　HttpServlet 子类重写的方法

方 法 名	方 法 作 用
doGet()	用于处理 HTTP GET 请求
doPost()	用于处理 HTTP POST 请求
doPut()	用于处理 HTTP PUT 请求
doDelete()	用于处理 HTTP DELETE 请求
init() 和 destroy()	用于管理 Servlet 生命周期内保存的资源
getServletInfo()	Servlet 使用它提供有关其自身的信息

3. Servlet 的 doGet() 和 doPost() 方法

doGet() 方法和 doPost() 方法是开发中用得最为广泛的方法，方法详解如表 2-2 所示。

表 2-2　doGet() 方法和 doPost() 方法详解

方 法 名	方 法 详 解
protected void doGet(HttpServletRequest req, HttpServletResponse resp) throws ServletException, java.io.IOException	由服务器调用（通过 Service 方法），以允许 Servlet 处理 GET 请求，通常重写此方法以支持 GET 请求。 Req：包含客户端对 Servlet 发出的请求的 HttpServletRequest 对象。 Resp：包含 Servlet 向客户端发送的响应的 HttpServletResponse 对象
protected void doPost(HttpServletRequest req, HttpServletResponse resp) throws ServletException, java.io.IOException	由服务器调用（通过 Service 方法），以允许 Servlet 处理 POST 请求。HTTP POST 方法允许客户端一次将不限长度的数据发送到 Web 服务器。 resp：包含 Servlet 向客户端发送的响应的 HttpServletResponse 对象

4. 得到客户端的输出流对象

如果 Servlet 需要向客户端输出一个 HTML 页面,需要设置响应的类型为 text/html,并获得客户端的输出流 PrintWriter 对象,通过这个流对象,向客户端输出 HTML 标签。代码如下:

```
response.setContentType("text/html");
PrintWriter out=response.getWriter();
out.println("需要输出的内容");          //可以是 HMTL 标签
out.flush();
out.close();
```

如果向客户端输出的内容包含中文,需要设置支持中文的字符编码,编码方式可以是 GB2312、GBK、UTF-8 等支持中文的字符编码。代码如下:

```
response.setContentType("text/html;charset=utf-8");
```

5. Servlet 的配置

编写好 Servlet 后,需要在 web.xml 中进行配置,如果采用 Eclipse 等 IDE 工具进行创建,则会自动配置。配置代码需要编写在 web.xml 中,需要用到<servlet>元素和<servlet-mapping>元素,其中<servlet>元素用于注册 Servlet,它的两个子元素<servlet-name> 和 <servlet-class> 分别用来指定 Servlet 的名称和完整路径。<servlet-mapping>子元素用于指定 Servlet 的映射 URL,即访问路径,其中包括<servlet-name>和<url-pattern>两个子元素。<servlet-name>必须与<servlet>元素中 name 的值相同,<url-pattern>中设置该 Servlet 在 url 中的访问地址,以"/"开头。示例代码如下:

```
<servlet>
  <description></description>
  <display-name>MyFirstServlet</display-name>
  <servlet-name>MyFirstServlet</servlet-name>
  <servlet-class>com.demo.servlet.MyFirstServlet</servlet-class>
</servlet>
<servlet-mapping>
  <servlet-name>MyFirstServlet</servlet-name>
  <url-pattern>/MyFirstServlet</url-pattern>
</servlet-mapping>
```

注意:

在 Servlet 3.0 及以上版本,Servlet 的配置可以不再单独出现在 web.xml 中,但本书根据读者的程度以及教学顺序的需要,主要采用 Servlet 2.5 版本进行讲述。

扫一扫

视频 2.1　第一个
Servlet 程序

🏠**任务透析**

编写并配置一个简单 Servlet 程序,向客户端输出一个 HTML 页面,将其发布到 Web 容器中,在浏览器中访问这个 Servlet,得到响应内容页面。

步骤 1: 新 Dynamic Web Project 工程,将工程命名为 Demo2_1,

如图 2-3 所示。

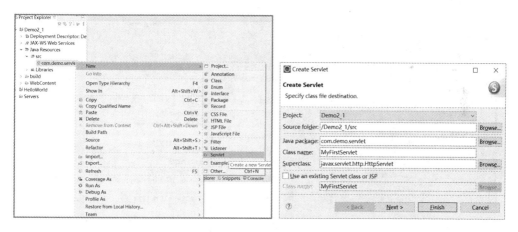

图 2-3 新建 Dynamic Web Project

步骤 2：在 src 下右击 com.demo.servlet 包，新建 Servlet 程序，单击 Finish 按钮完成，如图 2-4 所示。

图 2-4 新建 Servlet

步骤 3：打开 MyFirstServlet.java，编写程序，在 doGet()中编写需要的内容，将所需的内容输出到客户端。代码如下：

```
package com.demo.servlet;
import java.io.IOException;
import java.io.PrintWriter;
import javax.servlet.ServletException;
import javax.servlet.http.HttpServlet;
import javax.servlet.http.HttpServletRequest;
import javax.servlet.http.HttpServletResponse;
```

```
public class MyFirstServlet extends HttpServlet{
    public void doGet(HttpServletRequest request, HttpServletResponse
response) throws ServletException, IOException{
        response.setContentType("text/html");
        PrintWriter out=response.getWriter();
        out.println("<!DOCTYPE  HTML  PUBLIC\"-//W3C//DTD  HTML  4.01
Transitional//EN\">");
        out.println("<HTML>");
        out.println("<HEAD><TITLE>A Servlet</TITLE></HEAD>");
        out.println("<BODY>");
        out.print("This is my first Servlet!");
        out.println("</BODY>");
        out.println("</HTML>");
        out.flush();
        out.close();
    }
    public void doPost(HttpServletRequest request, HttpServletResponse
response) throws ServletException, IOException{
        doGet(request, response);
    }
}
```

步骤 4：在 MyFirstServlet 上右击，选择 Run as→Run on Server 命令，发布运行该 Servlet，如图 2-5 所示。

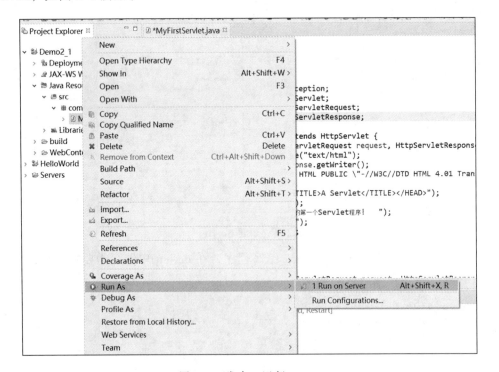

图 2-5　发布、运行 Servlet

步骤 5：打开 web.xml 文件，观察生成的代码，注意配置的 URL 地址。

```xml
<?xml version="1.0" encoding="UTF-8"?>
<web-app xmlns:xsi="http://www.w3.org/2001/XMLSchema-instance"
xmlns="http://java.sun.com/xml/ns/javaee"
xsi:schemaLocation="http://java.sun.com/xml/ns/javaee
http://java.sun.com/xml/ns/javaee/web-app_2_5.xsd" id="WebApp_ID"
version="2.5">
    <display-name>Demo2_1</display-name>
    <welcome-file-list>
      <welcome-file>index.html</welcome-file>
      <welcome-file>index.htm</welcome-file>
      <welcome-file>index.jsp</welcome-file>
      <welcome-file>default.html</welcome-file>
      <welcome-file>default.htm</welcome-file>
      <welcome-file>default.jsp</welcome-file>
    </welcome-file-list>
    <servlet>
      <description></description>
      <display-name>MyFirstServlet</display-name>
      <servlet-name>MyFirstServlet</servlet-name>
      <servlet-class>com.demo.MyFirstServlet</servlet-class>
    </servlet>
    <servlet-mapping>
      <servlet-name>MyFirstServlet</servlet-name>
      <url-pattern>/MyFirstServlet</url-pattern>
    </servlet-mapping>
</web-app>
```

步骤 6： 在浏览器中输入地址 http://localhost:8080/Demo2_1/MyFirstServlet，出现
Servlet 的运行结果，如图 2-6 所示。

图 2-6　Servlet 的运行结果

步骤 7： 如果需要在页面上输出中文，需要修改页面的编码方式。代码如下：

```
response.setContentType("text/html;charset=utf-8");
```

课堂提问

① 编写一个 Servlet 需要继承哪些父类，实现哪些接口？
② 要使 Servlet 在页面上输出中文，需要进行哪些配置？

③ 在 web.xml 中配置 Servlet，需要编写哪两个元素以及子元素。

④ 将工程发布到 Tomcat 后，会出现在 Tomcat 的目录文件的哪些文件夹中，分别有什么意义？

任务二　测试 Servlet 生命周期

任务描述

学习 Servlet 类生命周期的基本方法，观察 Servlet 从建立到销毁的行为，学会在生命周期各调用方法中编写合适的代码。

必备知识

一个 Servlet 的完整生命周期由创建、执行、销毁 3 个阶段组成。当用户的应用加载并使用 Servlet 时，从初始化到销毁这个 Servlet 期间会发生一系列事件，这些事件称为 Servlet 的生命周期事件（或方法），如图 2-7 所示。Servlet 从初始化到销毁有许多方法可以被执行，其中，有 init()、service() 和 destroy()3 个核心方法，Servlet 可以选择实现这些方法，并且在特定的运行时间调用它们。

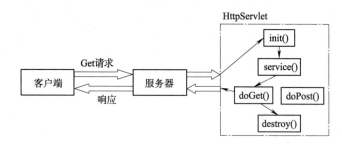

图 2-7　Servlet 的生命周期图示

1. 创建阶段

init() 方法：在 Servlet 生命周期的初始化阶段，Web 容器通过调用 init() 方法来初始化 Servlet 实例，并且可以传递一个实现 javax.servlet.ServletConfig 接口的对象给它。这个配置对象（Configuration Object）使 Servlet 能够读取在 Web 应用的 web.xml 文件里定义的名值（Name-Value）初始参数。这个方法在 Servlet 实例的生命周期里只调用一次，初始化对象后，该对象将常驻服务器内存，以多线程的方式接受客户端的并发访问。

2. 执行阶段

service() 方法：初始化后，Servlet 实例即可处理客户端请求。Web 容器调用 Servlet 的 service() 方法来处理每一个请求，但通常，用户不需要重写这个方法，因为在 HttpServlet 中已经对 service() 方法有了很好的实现，它会根据请求的方式，调用 doGet() 方法或 doPost() 方法。一般来说，推荐覆盖 HttpServlet 的 doGet() 方法或 doPost() 方法，等待 service() 方法的调用。

3. 销毁阶段

destroy()方法：Web 容器调用 destroy()方法来终结 Servlet。如果用户想在 Servlet 的生命周期内关闭或者销毁一些文件系统或者网络资源，用户可以调用这个方法来实现。destroy() 方法和 init()方法一样，在 Servlet 的生命周期里只能调用一次。当 Tomcat 服务器程序被正常停止时，destroy()方法被调用。

扫一扫

任务透析

建立一个 Servlet，覆盖生命周期的各个方法，在控制台输出每个方法的调用情况。

视频 2.2　测试
Servlet 生命周期

步骤 1：编写 LifeCircleServlet 继承 HttpServlet，并覆盖其父类 HttpServlet 和 GenericServlet 类的 doGet()、destroy()、init()、service()等方法，如图 2-8 所示。

图 2-8　覆盖父类的生命周期中的方法

代码如下：

```java
import java.io.IOException;
import javax.servlet.ServletException;
import javax.servlet.http.HttpServlet;
import javax.servlet.http.HttpServletRequest;
import javax.servlet.http.HttpServletResponse;
public class LifeCircleServlet extends HttpServlet{
    public LifeCircleServlet(){
        super();
        System.out.println("构造方法被调用");
    }
    @Override
    protected void service(HttpServletRequest req, HttpServletResponse
resp) throws ServletException, IOException{
        super.service(req, resp);
        System.out.println("service方法被调用");
    }
    @Override
    public void destroy(){
```

```
        // TODO Auto-generated method stub
        super.destroy();
        System.out.println("destroy 方法被调用");
    }
    @Override
    public void init() throws ServletException{
        // TODO Auto-generated method stub
        super.init();
        System.out.println("init 方法被调用");
    }
    protected void doGet(HttpServletRequest request,
HttpServletResponse response) throws ServletException, IOException{
        // TODO Auto-generated method stub
        response.getWriter().append("Served at: ").
    append(request.getContextPath());
        System.out.println("doGet 方法被调用");
    }
    protected void doPost(HttpServletRequest request, HttpServlet
Response response) throws ServletException, IOException{
        // TODO Auto-generated method stub
        doGet(request, response);
        System.out.println("doPost 方法被调用");
    }
}
```

步骤 2：观察在 web.xml 中配置 Servlet。代码如下：

```
<servlet>
  <description></description>
  <display-name>LifeCircleServlet</display-name>
  <servlet-name>LifeCircleServlet</servlet-name>
  <servlet-class>
    com.demo.servlet.LifeCircleServlet
  </servlet-class>
</servlet>
<servlet-mapping>
  <servlet-name>LifeCircleServlet</servlet-name>
  <url-pattern>/LifeCircleServlet</url-pattern>
</servlet-mapping>
```

步骤 3：发布工程，在浏览器中多次访问 Servlet。URL 如下：

```
http://localhost:8080/Demo2_2/LifeCircleServlet
```

观察输出的结果，如图 2-9 所示。

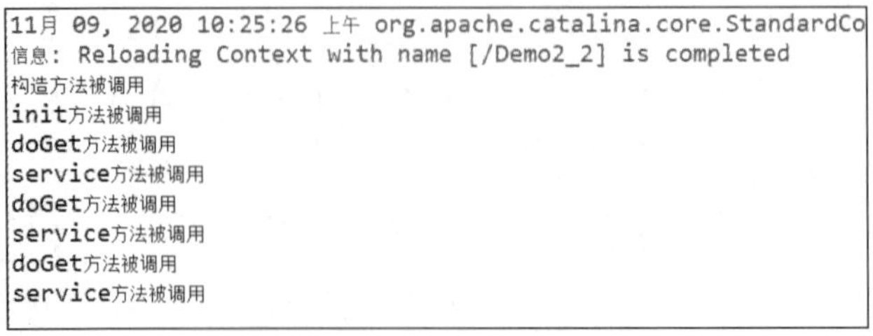

```
11月 09, 2020 10:25:26 上午 org.apache.catalina.core.StandardCo
信息: Reloading Context with name [/Demo2_2] is completed
构造方法被调用
init方法被调用
doGet方法被调用
service方法被调用
doGet方法被调用
service方法被调用
doGet方法被调用
service方法被调用
```

图 2-9 访问 Servlet 输出结果

步骤 4：停止服务器，观察 destroy() 方法被调用的情况。

课堂提问

① 简述 Servlet 的生命周期。

② Servlet 的 doGet() 或 doPost() 方法分别被哪个方法调用？

③ init() 方法和 destroy() 方法何时被调用，调用次数有什么特点？

④ 一般在 init() 方法或 destroy() 方法中会编写什么样的功能代码？

任务三 使用 Servlet 读取表单数据

任务描述

网站用户注册，在登录表单中输入用户各种信息，提交到服务器，服务器端程序获取登录数据，展示到页面上，并解决提交中文数据时产生乱码的问题。

必备知识

1. HTML 表单

HTML 表单用于接收不同类型的用户输入，用户提交表单时向服务器传输数据，从而实现用户与 Web 服务器的交互。HTML 表单是一个包含表单元素的区域，表单使用 <form> 标签创建，包含文本字段、复选框、单选按钮、提交按钮等元素，表单的工作机制如图 2-10 所示。

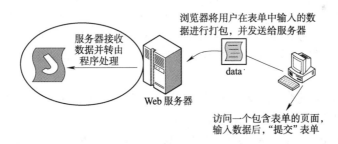

图 2-10 表单的工作机制

一个典型的 HTML 表单如下：

```
<form name="""action="" method=""enctype="">
  <p>First name: <input type="text" name="username"/></p>
  <p>Last name: <input type="password" name="password"/></p>
  <input type="submit" value="Submit"/>
</form>
```

表单常见的属性如表 2-3 所示。

表 2-3　表单常见的属性

属　性	值	描　述
action	URL	规定当提交表单时向何处发送表单数据
enctype	application/x-www-form-urlencoded	在发送前编码所有字符（默认）
	multipart/form-data	不对字符编码。在使用包含文件上传控件的表单时，必须使用该值
	text/plain	空格转换为"+"加号，但不对特殊字符编码
method	get post	规定用于发送 form-data 的 HTTP 方法
name	Form_name	规定表单的名称

2. 客户端向服务器提交请求的两种方式

HTTP 定义了与服务器交互的不同方法，最基本的方法有 4 种，分别是 GET、POST、PUT、DELETE。其中，GET 和 POST 是最为常见的请求方式。

GET 和 POST 的区别如下：

① GET 请求的参数将显示到地址栏上，附在 URL 之后，以"?"分隔 URL 和传输数据，参数之间以&相连。例如：

```
loginservlet?name=admin&password=123&verify=%E4%BD%A0%E5%A5%BD
```

如果数据是英文字母或数字，原样发送；如果是空格，转换为+；如果是中文或其他字符，则直接把字符串用 BASE64 加密，访问结束后会被浏览器缓存起来。

POST 把提交的数据放置在 HTTP 包的包体中，不会在浏览器中显示。因此，当数据是中文或者不敏感的数据时，可以用 GET 方法，否则用 POST 方法提交请求。

② 提交的数据大小不同。GET 通过 URL 提交数据，那么 GET 可提交的数据量就跟 URL 的长度有直接关系，虽然 HTTP 协议规范没有对 URL 长度进行限制，但每个特定的浏览器及服务器对 URL 的长度可能有所限制。POST 把提交的数据放置在 HTTP 包主体中，理论上没有长度限制，依据服务器处理能力的不同，对数据包的大小有所限制。

因此，需要提交的数据包较大，如文件的上传，需要将请求方法设置为 POST。

3. 从请求对象中获得请求参数值

javax.servlet.ServletRequest 类中提供了获得请求参数的方法，如表 2-4 所示。

表 2-4　ServletRequest 类中获得请求参数的方法

方 法 名 称	功 能 描 述
public String getParameter(String name)	以 String 形式返回请求参数的值，如果该参数不存在，则返回 null。name：指定参数名称的 String
public java.util.Map<K,V> getParameterMap()	返回此请求的参数的 java.util.Map
public java.util.Enumeration<E> getParameterNames()	返回包含此请求中所包含参数名称的 String 对象的 Enumeration。如果该请求没有参数，则此方法返回一个空的 Enumeration
public String[]getParameterValues(String name)	返回包含给定请求参数拥有的所有值的 String 对象数组，如果该参数不存在，则返回 null。如果该参数只有一个值，则数组的长度为 1。name：包含请求其值的参数名称的 String

4. 用 Servlet 接收客户端参数中文乱码问题的解决

表单提交中文数据时，无论是控制台还是页面输出都可能出现乱码问题，这是因为在网络数据传输过程中，请求数据将以 ISO8859-1 进行编码，无法直接将中文正确显示。

解决方法有以下几种（本单元选择第一种）：

方法一：获得表单数据后，用 ISO8859-1 进行解码，再用 UTF-8 进行编码。程序代码如下：

```
String username=request.getParameter("username");
Username=new String(username.getBytes("iso8859-1"),"utf-8");
```

方法二：修改 Tomcat 的默认 URIEncoding 字符编码方式，只对 Get 请求有效。

打开\apache-tomcat\conf\server.xml，在 Connector 元素中加入 URIEncoding 属性：URIEncoding="UTF-8"。代码如下：

```
<Connector port="8080" protocol="HTTP/1.1"
connectionTimeout="20000"
redirectPort="8443"
  URIEncoding="UTF-8"/>
```

方法三：若仅针对 POST 请求中的中文乱码问题，可以在 Post()方法中设置 request.setCharacterEncoding("utf-8")。代码如下：

```
public void doPost(HttpServletRequest request, HttpServletResponse
response)throws ServletException, IOException{
    request.setCharacterEncoding("utf-8");
    String username=request.getParameter("username");
    System.out.println(username);
}
```

如果采用方法一和方法三，需要在每个 Servlet 中都添加编码设置相关代码，这样会造成程序冗余，很容易出现代码不一致的问题。为避免这个问题，应该将这个工作交由整个工程的过滤器完成，读者参考本书单元五的任务一。

任务透析

用户注册，提交表单到 RegisterServlet，读取相关的表单数据，将提交信息以页面的形式显示出来（PrintWriter 打印到客户端）。

步骤 1：编写注册 register.jsp 页面，含有 Form 表单（含文本框、密码框、多选框等），如图 2-11 所示。

扫一扫

视频 2.3　Servlet
读取表单信息

图 2-11　注册页面

代码如下：

```
<%@page language="java" import="java.util.*" pageEncoding="utf-8"%>
<!DOCTYPE html>
<html>
<head>
<title>用户注册</title>
</head>
<body>
<center>
    用户注册<br>
    <form name="f1" action="RegisterServlet" method="post">
        <table border="0">
            <tr>
                <td>用户名:</td>
                <td><input type="text" name="username"></td>
            </tr>
            <tr>
                <td>密码:</td>
                <td><input type="password" name="password"></td>
            </tr>
            <tr>
                <td>性别:</td>
                <td><input type="radio" name="sex" value="男"/>男<input
                    type="radio" name="sex" value="女"/>女</td>
            </tr>
            <tr>
                <td>电话号码:</td>
                <td><input type="text" name="tel"></td>
            </tr>
            <tr>
                <td>家庭地址:</td>
                <td><input type="text" name="address"></td>
            </tr>
            <tr>
                <td>爱好:</td>
                <td>
                    <input type="checkbox" name="favor" value="足球">足球
                    <input type="checkbox" name="favor" value="篮球">篮球
                    <input type="checkbox" name="favor" value="排球">排球
                </td>
            </tr>
            <tr>
                <td colspan="2" align="center"><input type="submit"
                    value="提交注册">
                </td>
            </tr>
        </table>
    </form>
```

```
</center>
</body>
</html>
```

步骤 2：编写并配置 Servlet，读取相关的表单数据，将提交信息以页面的形式显示出来（PrintWriter 打印到客户端），注意中文信息的编码转换。代码如下：

```
import java.io.IOException;
import java.io.PrintWriter;

import javax.servlet.ServletException;
import javax.servlet.http.HttpServlet;
import javax.servlet.http.HttpServletRequest;
import javax.servlet.http.HttpServletResponse;
public class RegisterServlet extends HttpServlet{
    public void doGet(HttpServletRequest request, HttpServletResponse
response)throws ServletException, IOException{
        String username=request.getParameter("username");
        username=new String(username.getBytes("iso8859-1"),"utf-8");
        String password=request.getParameter("password");
        String sex=request.getParameter("sex");
        sex=new String(sex.getBytes("iso8859-1"),"utf-8");
        String tel=request.getParameter("tel");
        String address=request.getParameter("address");
        address=new String(address.getBytes("iso8859-1"),"utf-8");
        String[] favors=request.getParameterValues("favor");
        for(int i=0;i<favors.length;i++){
          favors[i]= new String(favors[i].getBytes("iso8859-1"),"utf-8");
        }
        response.setContentType("text/html;charset=utf-8");
        PrintWriter out=response.getWriter();
        out.print(username+","+password+","+sex+","+tel+","+address);
        out.print("</br>");
        for(int i=0;i<favors.length;i++){
          out.print(favors[i]);
          out.print("</br>");
        }
    }
    public void doPost(HttpServletRequest request, HttpServletResponse
response)throws ServletException, IOException{
        doGet(request,response);
    }
}
```

步骤 3：在 Form 表单的 action 属性中输入 Servlet 的 URL 地址。代码如下：

```
<form name="f1" action="RegisterServlet" method="post">
```

步骤 4：运行 register.jsp，填写注册信息，测试提交，在 Servlet 中输出表单提交的内容，如图 2-12 所示。

图 2-12　测试提交

课堂提问

① 一个 Form 表单有哪些元素和属性，各自有什么意义？

② 简述表单提交时出现乱码问题的可能原因及解决方法。

③ doPost()方法和 doGet()方法有何区别，何时选用 doPost()或者 doGet()方法？

④ 获得请求参数有哪两个方法，分别用在什么情况下？

小技巧：

新建 JSP 页面时，如果需要在页面上输入中文，每次需要更改页面的编码方式比较麻烦，可以在配置中统一修改，选择 Preference→Web→JSP Files，选择页面编码方式，如图 2-13 所示。

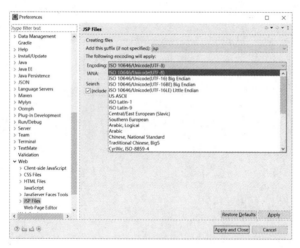

图 2-13　在 Eclipse 中修改新建 JSP 页面编码方式

任务四　使用 Servlet 处理页面跳转

任务描述

网站用户登录，在登录表单中输入用户名和密码信息，提交到服务器，如果用户名和密码正确，则跳转到登录成功页面，否则跳转到登录失败页面。

必备知识

Servlet 可以将发送给自己的某个请求转发给另外一个 URL 地址，这个地址可以是 HTML、JSP、Servlet 或者其他 HTTP 地址。Servlet 的跳转方式有如下 3 种：

1. 请求转发

forward()方法：

```
request.getRequestDispatcher("/url").forward(request, response);
```

Servlet（源组件）先对客户请求做一些预处理操作，然后把请求转发给其他 Web 组件（目标组件）完成包括生成响应结果在内的后续操作。转发后，地址栏也不会改变，还停留在跳转前的 Servlet，这个过程在服务器端完成，但仅输出被转发的 URL 中的内容。

2. 请求包含

include()方法：

```
request.getRequestDispatcher("/url").include (request, response);
```

其中，url 是某个被包含的 HTTP 地址。include 转发时，地址栏没有改变，是 Servlet 程序原来的 url 地址。这个过程在服务器端完成，Servlet 和被包含的页面同时被输出，是 Servlet（源组件）把其他 Web 组件（目标组件）生成的响应结果包含到自身的响应结果中。

3. 请求重定向

sendRedirect()方法：

一般称为请求重定向，客户端的地址栏将改变为 url 值，是由客户端发起的第二次请求。参数中要写明具体的 url 地址，因为当客户端再次发送请求时，会直接请求 Web 服务器根目录。如果要转发一个 HTML 地址，它在本工程的 webroot 文件夹下，那么要从 Servlet 转发到这个 HTML 地址，必须加上当前的 Web 路径，这个路径名可以通过 request.getContextPath()获得。该转发代码可以为：

```
response.sendRedirect(request.getContextPath()+"/login.html");
```

任务透析

用户登录时，验证用户名和密码是否正确，若正确，跳转到成功页面；若错误跳转到失败页面。使用 3 种转发方式，并比较三者的区别。

步骤 1：编写登录页面 index.jsp、成功页面 success.jsp、失败页面 error.jsp。

登录页面 index.jsp：

扫一扫

视频 2.4　三种请求跳转方式

```
<%@ page language="java" contentType="text/html; charset=UTF-8"
pageEncoding="UTF-8"%>
<!DOCTYPE html>
<html>
<head>
<meta charset="UTF-8">
<title>Insert title here</title>
```

```
</head>
<body>
<form name="f1" action="LoginServlet" method="post">
  <table border="0">
  <tr>
    <td>用户名:</td>
    <td><input type="text" name="username"></td>
  </tr>
  <tr>
    <td>密码:</td>
    <td><input type="password" name="password"></td>
  </tr>
  <tr>
    <td colspan ="2" align="center">
    <input type="submit" value="登录">
    </td>
  </tr>
  </table>
</form>
</body>
```

成功页面 success.jsp：

```
<%@ page language="java" contentType="text/html; charset=UTF-8"
pageEncoding="UTF-8"%>
<!DOCTYPE html>
<html>
<head>
<meta charset="UTF-8">
<title>Insert title here</title>
</head>
<body>
欢迎登录!
</body>
```

失败页面 error.jsp：

```
<%@ page language="java" contentType="text/html; charset=UTF-8"
pageEncoding="UTF-8"%>
<!DOCTYPE html>
<html>
<head>
<meta charset="UTF-8">
<title>Insert title here</title>
</head>
<body>
用户名或密码错误
</body>
```

步骤 2：编写 Servlet，接收提交的参数，并按照情况转发到相关页面。

```
import java.io.IOException;
import java.io.PrintWriter;
```

```java
import javax.servlet.ServletException;
import javax.servlet.http.HttpServlet;
import javax.servlet.http.HttpServletRequest;
import javax.servlet.http.HttpServletResponse;

public class LoginServlet extends HttpServlet{
    public void doGet(HttpServletRequest request, HttpServletResponse
response)throws ServletException, IOException{
        response.setContentType("text/html;charset=utf-8");
        PrintWriter out=response.getWriter();
        out.print("这是 Servlet");
        out.print("</br>");
        String username=request.getParameter("username");
        String password=request.getParameter("password");
        if(username.equals("admin")&&password.equals("123")){
          //request.getRequestDispatcher("/success.jsp").forward(request,
response); //请求转发
          request.getRequestDispatcher("/success.jsp").include(request,
response); //请求包含
          //response.sendRedirect(request.getContextPath()+"/success.jsp");
          //请求重定向
        }
        else{
          //request.getRequestDispatcher("/error.jsp").forward(request,
response); //请求转发
          request.getRequestDispatcher("/error.jsp").include(request,
response); //请求包含
          //response.sendRedirect(request.getContextPath()+"/error.jsp");
          //请求重定向
        }
    }
    public void doPost(HttpServletRequest request, HttpServletResponse
response)throws ServletException, IOException{
        doGet(request,response);
    }
}
```

步骤 3：分别测试请求转发、请求包含和请求重定向。

打开登录页面，如图 2-14 所示。请求转发运行结果如图 2-15 所示，观察地址有何不同。

图 2-14 登录页面

图 2-15 请求转发运行结果

请求包含运行结果，如图 2-16 所示。

图 2-16　请求包含运行结果

请求重定向运行结果，如图 2-17 所示。

分析上例，得到以下结论：

图 2-17　请求重定向运行结果

① forward：指转发，将当前 request 和 response 对象保存，交给指定的 url 处理。并没有表示页面的跳转，所以地址栏的地址不会发生改变。

② redirect：指重定向，包含两次浏览器请求，浏览器根据 url 请求一个新的页面，所有的业务处理都转到下一个页面，地址栏的地址会发生改变。

③ include：意为包含，即包含 url 中的内容，进一步理解为，将 url 中的内容包含到当前的 Servlet 中，并用当前 Servlet 的 request 和 response 对象执行 url 中的内容处理业务，所以不会发生页面的跳转，地址栏地址不会发生改变。

课堂提问

① 简述 3 种方式实现跳转的区别，何时选择哪种方式？

② 3 种请求方式进行页面跳转后，地址栏中的 url 内容有什么区别？

③ 如果跳转到另外一个网站，用哪种跳转方式？

任务五　使用 Servlet 处理头信息

任务描述

① 向服务器发送请求时，将请求头信息输出。

② 设置响应类型为 image/jpeg，并向客户端输出一个验证码图片。

必备知识

1. 请求头信息

当打开一个网页时，浏览器要向网站服务器发送一个 HTTP 请求头，然后网站服务器根据 HTTP 请求头的内容生成当次请求的内容并发送给浏览器。一个典型的请求头信息如下：

```
Accept-Language: zh-cn,zh;q=0.5
Accept-Charset: GB2312,utf-8;q=0.7,*;q=0.7
Accept:text/html,application/xhtml+xml,application/xml;q=0.9,*/*; q=0.8
Accept-Encoding: gzip, deflate
User-Agent: Mozilla/5.0 (compatible; 域名)
Host: 域名
```

Connection: Keep-Alive

请求头信息详解如表 2-5 所示。

表 2-5 请求头信息详解

字 段 名 称	字 段 解 释
Accept-Language: zh-cn,zh;q=0.5	浏览器支持的语言分别是中文和简体中文，优先支持简体中文。Accept-Language 表示浏览器所支持的语言类型。 zh-cn 表示简体中文；zh 表示中文；q 是权重系数，范围 0 =< q <= 1，q 值越大，请求越倾向于获得其";"之前的类型表示的内容，若没有指定 q 值，则默认为 1，若被赋值为 0，则用于提醒服务器哪些是浏览器不接受的内容类型
Accept-Charset: GB2312,utf-8;q=0.7,*;q=0.7	浏览器支持的字符编码分别是 GB2312、UTF-8 和任意字符，优先顺序是 GB2312、utf-8、*
Accept: text/html,application/xhtml+xml, application/xml;q=0.9,*/*;q=0.8	浏览器支持的 MIME 类型分别是 text/html、application/xhtml+xml、application/xml 和*/*，优先顺序是它们从左到右的排列顺序
Accept-Encoding: gzip, deflate	浏览器支持的压缩编码是 gzip 和 deflate
User-Agent: Mozilla/5.0 (compatible;域名)	使用的用户代理是 Mozilla/5.0 (compatible; 域名)
Host: 域名	Host 表示请求的服务器网址
Connection: Keep-Alive	表示客户端与服务连接类型：Keep-Alive 表示持久连接

HttpServletRequest 类中提供了访问请求头信息的相关方法，如表 2-6 所示。

表 2-6 请求头相关方法

方 法 名 称	功 能 描 述
public String getHeader(String name)	以 String 的形式返回指定请求头的值。如果该请求不包含指定名称的头，则此方法返回 null。如果有多个具有相同名称的头，则此方法返回请求中的第一个头。 name: 指定头名称的 String
public java.util.Enumeration<E> getHeaderNames()	返回此请求包含的所有头名称的枚举。如果该请求没头，则此方法返回一个空枚举
public java.util.Enumeration<E> getHeaders(String name)	以 String 对象的 Enumeration 的形式返回指定请求头的所有值。 name: 指定头名称的 String

2. 响应头信息

响应头向客户端提供一些额外信息，比如谁在发送响应、响应者的功能，甚至与响应相关的一些特殊指令。这些头部有助于客户端处理响应，并在将来发起更好的请求。对响应头域的扩展要求通信双方都支持，如果存在不支持的响应头域，一般将会作为实体头域处理。

典型的响应头信息包含下列字段：

```
HTTP/1.0 200OK
Date:Mon,31Dec200104:25:57GMT
Server:Apache/1.3.14(UNIX)
Content-type:text/html
```

```
Last-modified:Tue,17Apr200106:46:28GMT
Content-length:39725426
Content-range:bytes554554-40279979/40279980
```

各字段的详解如表 2-7 所示。

表 2-7　响应头信息字段详解

字 段 名 称	字 段 解 释
HTTP/1.0 200OK	200 表示状态码，请求成功
Date:Mon,31Dec200104:25:57GMT	当前响应日期
Server:Apache/1.3.14(UNIX)	服务器的系统信息
Content-type:text/html	浏览器回送数据的 MIME 类型。 　　MIME 类型就是设置某种扩展名的文件用一种应用程序来打开的方式类型，当该扩展名文件被访问时，浏览器会自动使用指定应用程序打开。多用于指定一些客户端自定义的文件名，以及一些媒体文件打开方式
Last-modified:Tue,17Apr200106:46:28GMT	服务器上保存内容的最后修订时间。客户可以通过 If-Modified-Since 请求头提供一个日期，该请求将被视为一个条件 GET，只有改动时间迟于指定时间的文档才会返回，否则返回一个 304（Not Modified）状态。Last-Modified 也可用 setDateHeader()方法来设置
Content-length:39725426	浏览器回送数据的长度
Content-range:bytes554554-40279979/40279980	实体头用于指定整个实体中一部分的插入位置，它也指示了整个实体的长度。在服务器向客户返回一个响应时，它必须描述响应覆盖的范围和整个实体长度

3. MIME 类型

MIME（Multipurpose Internet Mail Extensions，多用途互联网邮件扩展）是设置某种扩展名的文件用一种应用程序来打开的方式类型，当该扩展名文件被访问时，浏览器会自动使用指定应用程序打开。多用于指定一些客户端自定义的文件名，以及一些媒体文件打开方式。

① MIME 是一个互联网标准，扩展了电子邮件标准，使其能够支持：非 ASCII 字符文本；非文本格式附件（如二进制文件、声音、图像等）；由多部分（Multiple Parts）组成的消息体；包含非 ASCII 字符的头信息（Header Information）。

② MIME 意为多功能 Internet 邮件扩展，它设计的最初目的是在发送电子邮件时附加多媒体数据，让邮件客户程序能根据其类型进行处理。然而当它被 HTTP 协议支持之后，它的意义就更加显著。它使得 HTTP 传输的不仅是普通的文本，而变得丰富多彩。

③ 最早的 HTTP 协议中，并没有附加的数据类型信息，所有传送的数据都被客户程序解释为 HTML 文档，而为了支持多媒体数据类型，HTTP 协议中就使用了附加在文档之前的 MIME 数据类型信息来标识数据类型。

每个 MIME 类型由两部分组成，前面是数据的大类别，如声音 audio、图像 image 等，后面定义具体的种类。

常见的 MIME 类型（通用型）：

● 超文本标记语言文本：.html text/html。

- XML 文档：.xml text/xml。
- XHTML 文档：.xhtml application/xhtml+xml。
- 普通文本：.txt text/plain。
- RTF 文本：.rtf application/rtf。
- PDF 文档：.pdf application/pdf。
- Microsoft Word 文件：.word application/msword。
- PNG 图像：.png image/png。
- GIF 图形：.gif image/gif。
- JPEG 图形：.jpeg,.jpg image/jpeg。
- au 声音文件：.au audio/basic。
- MIDI 音乐文件：.mid,.midi audio/midi,audio/x-midi。
- RealAudio 音乐文件：.ra, .ram audio/x-pn-realaudio。
- MPEG 文件：.mpg,.mpeg video/mpeg。
- AVI 文件：.avi video/x-msvideo。
- GZIP 文件：.gz application/x-gzip。
- TAR 文件：.tar application/x-tar。
- 任意的二进制数据：application/octet-stream。

在 Tomcat 的目录文件\apache-tomcat-9.0.11\conf\web.xml 中也定义了服务器所支持的 MIME 类型，如图 2-18 所示。

图 2-18 常用的 MIME 类型

扫一扫

视频 2.5　Servlet
读取请求头信息

任务透析

【子任务 1】 在 Servlet 中读取并显示当前所有的请求头信息。

步骤 1：编写 Servlet，读取所有请求头信息名称和值。

```java
import java.io.IOException;
import java.io.PrintWriter;
import java.util.Enumeration;
import javax.servlet.ServletException;
import javax.servlet.http.HttpServlet;
import javax.servlet.http.HttpServletRequest;
import javax.servlet.http.HttpServletResponse;
public class ReadHeaderServlet extends HttpServlet{
    protected void doGet(HttpServletRequest request,
HttpServletResponse response) throws ServletException, IOException{
        response.setContentType("text/html");
        PrintWriter out=response.getWriter();
        Enumeration<String> e=request.getHeaderNames();
        while(e.hasMoreElements()){
            String s=(String)e.nextElement();
            out.println(s+" : "+request.getHeader(s));
            out.println("</br>");
        }
        out.flush();
        out.close();
    }
    protected void doPost(HttpServletRequest request,
HttpServletResponse response) throws ServletException, IOException{
        // TODO Auto-generated method stub
        doGet(request, response);
    }
}
```

步骤 2：发布工程，运行 Servlet，运行结果如图 2-19 所示。

图 2-19　请求头信息运行结果

【子任务 2】用 Servlet 设置响应的 MIME 类型为 Word 文档。

步骤 1：编写 Servlet，设置 Servlet 的响应类型为 application/msword。

扫一扫

视频 2.6 用 Servlet
设置响应类型

```
import java.io.IOException;
import javax.servlet.ServletException;
import javax.servlet.http.HttpServlet;
import javax.servlet.http.HttpServletRequest;
import javax.servlet.http.HttpServletResponse;
public class SetMimeServlet extends HttpServlet {
    public void doGet(HttpServletRequest request, HttpServletResponse
response)throws ServletException, IOException {
        response.setContentType("application/msword");
    }
    public void doPost(HttpServletRequest request, HttpServletResponse
response)throws ServletException, IOException {
    doGet(request,response);
    }
}
```

步骤 2：发布工程，Servlet 的运行结果如图 2-20 所示。

图 2-20　响应的 MIME 类型为 application/msword

【子任务 3】登录验证码的实现。

步骤 1：编写生成验证码的 Servlet 程序。

扫一扫

视频 2.7　Servlet
生成登录验证码

```
import java.awt.Color;
import java.awt.Graphics;
import java.awt.image.BufferedImage;
import java.io.IOException;
import java.io.OutputStream;
import java.util.Random;
import javax.imageio.ImageIO;
import javax.servlet.ServletException;
import javax.servlet.http.HttpServlet;
import javax.servlet.http.HttpServletRequest;
import javax.servlet.http.HttpServletResponse;
```

```
public class VerificationCodeServlet extends HttpServlet{
  public void doGet(HttpServletRequest request, HttpServletResponse
response)throws ServletException, IOException{
    response.setContentType("image/jpeg");
    response.setHeader("Pragma","No-cache");
    response.setHeader("Cache-Control","No-cache");
    response.setDateHeader("Expires",-1);
    OutputStream out= response.getOutputStream();
    int width=80,height=20;
    BufferedImage  image=new  BufferedImage(width,height,  Buffered
Image.TYPE_INT_RGB);
    Graphics g=image.getGraphics();
    Random random=new Random();
    g.setColor(Color.gray);
    g.fillRect(0,0,width, height);
    String sRand="";
    for(int i=0;i<4;i++){
      String rand=String.valueOf(random.nextInt(10));
      sRand+=rand;
      g.setColor(new Color(20+random.nextInt(110),20+random. nextInt
(110),20+random.nextInt(110) ));
      g.drawString(rand,20*i+6,16);
    }
    // HttpSession session=request.getSession();
    //session.setAttribute("Verification-code", sRand);
    g.dispose();
    ImageIO.write(image, "JPEG", out);
  }
  public void doPost(HttpServletRequest request, HttpServletResponse
response) throws ServletException, IOException {
    doGet(request,response);
  }
}
```

步骤 2：编写登录页面，采用<img>标签将验证码图片嵌入登录界面。

```
<%@ page language="java" contentType="text/html; charset=UTF-8"
    pageEncoding="UTF-8"%>
<!DOCTYPE html>
<html>
<head>
<meta charset="UTF-8">
<title>用户登录</title>
</head>
<body>
  <form name="f1" action="LoginServlet" method="post">
    <table>
      <tr>
        <td>用户名:</td>
```

```
        <td><input type="text" name="username"></td>
    </tr>
    <tr>
     <td>密码:</td>
     <td><input type="password" name="password"></td>
    </tr>
    <tr>
     <td>验证码:</td>
     <td><input type="text" name="verification"></td>
     <td><img src="VerificationCodeServlet"></td>
    </tr>
    <tr>
     <td colspan="2" align="center"><input type="submit" value="
登录"></td>
    </tr>
    </table>
  </form>
</body>
</html>
```

程序运行结果如图 2-21 所示。

图 2-21　响应的 MIME 类型为图片

课堂提问

① 请求头信息和响应头信息的意义是什么？

② 列举请求头信息和响应头信息的典型消息字段。

③ 如果将验证码修改为从 100 个中文字库中随机挑选的 4 个文字，如何修改？

任务六　使用 Servlet 数据共享域

任务描述

掌握 Servlet 三大数据共享域的意义和使用方法，根据需要向不同的作用域中存、取数据。

必备知识

JavaWeb 常用的三大数据作用域为 ServletRequest、HttpSession 和 ServletContext。作用域从小到大为 ServletRequest（一次请求）、HttpSession（一次会话）、ServletContext（整个 Web 应用）。

1. Request 域

ServletRequest 域作用范围是整个请求链（请求转发也存在），在 service() 方法调用前由服务器创建，传入 service() 方法，直到整个请求结束，request 生命周期结束。常用于服务器间同一请求不同页面之间的参数传递，常应用于表单的控件值传递。

javax.servlet.ServletRequest 接口中提供了 Request 域中存取对象的常用方法，如表 2-8 所示。

表 2-8　Request 域中存取对象的常用方法

方 法 名 称	功 能 描 述
public void removeAttribute(String name)	从此请求中移除属性。此方法不是普遍需要的，因为属性只在处理请求期间保留。 name：指定要移除属性名称的 String
public void setAttribute(String name, Object o)	存储此请求中的属性，在请求之间重置属性。此方法常常与 RequestDispatcher 一起使用。 name：指定属性名称的 String。 o：要存储的 Object
Public Object getAttribute(String name)	以 Object 形式返回指定属性的值，如果不存在给定名称的属性，则返回 null。 name：指定属性名称的 String
public java.util.Enumeration<E> getAttributeNames()	返回包含此请求可用属性的名称的 Enumeration。如果该请求没有可用的属性，则此方法返回一个空的 Enumeration

2. Session 域

HttpSession 域作用范围是一次会话。用户打开浏览器会话开始，关闭浏览器会话结束。一次会话期间只会创建一个 session 对象。Session 域中对象在第一次调用 request.getSession() 方法时，服务器会检查是否已经有对应的 session，如果没有就在内存中创建一个 session 并返回。如果一段时间内 session 没有被使用（默认为 30 min），则服务器会销毁该 session。如果服务器非正常关闭（强行关闭），没有到期的 session 也会跟着销毁。如果调用 session 提供的 invalidate() 方法，可以立即销毁 session。常用于 Web 开发中的登录验证界面（当用户登录成功后浏览器分配其一个 session 键值对）。

在 Servlet 中获得 session 对象方法，代码如下：

```
HttpSession session=request.getSession();
```

由于 session 属于 JSP 九大内建对象之一，可以在 JSP 页面上直接使用。例如：

```
<%session.serAttribute("name","admin")%>
```

session 是服务器端对象，保存在服务器端。服务器可以将创建 session 后产生的 sessionid 通过一个 cookie 返回给客户端，以便下次验证。

javax.servlet.http.HttpSession 接口中提供了 Session 域中存取对象的常用方法，如

表 2-9 所示。

表 2-9 Session 域中存取对象的常用方法

方 法 名 称	功 能 描 述
public void setAttribute(String name,Object value)	使用指定名称将对象绑定到此会话。如果具有同样名称的对象已经绑定到该会话，则替换该对象。如果传入的值为 null，则调用此方法将与调用 removeAttribute()产生的效果相同。 name：对象绑定到的名称；不能为 null。 value：要绑定的对象
public Object getAttribute(String name)	返回与此会话中的指定名称绑定在一起的对象，如果没有对象绑定在该名称下，则返回 null。 name：指定对象名称的字符串。 return：具有指定名称的对象
public java.util.Enumeration<E> getAttributeNames()	返回包含绑定到此会话所有对象名称的 String 对象的 Enumeration

3. ServletContext 域

ServletContext 域（又称 application）的作用范围是整个 Web 应用。当 Web 应用被加载进容器时创建代表整个 Web 应用的 ServletContext 对象；当服务器关闭或 Web 应用被移除时，ServletContext 对象跟着销毁。

一个 JavaWeb 应用只创建一个 ServletContext 对象，所有的客户端在访问服务器时都共享同一个 ServletContext 对象。ServletContext 对象一般用于在多个客户端间共享数据时使用。

ServletContext 同属于 JSP 九大内建对象之一，故可以直接在 JSP 页面上使用，对应了内建对象的 application 对象。

GenericServlet 类中提供了 getServletContext()方法，返回当前的 ServletContext 对象。

javax.servlet.ServletContext 接口中提供了 ServletContext 域中存取对象的常用方法，如表 2-10 所示。

表 2-10 ServletContext 域中存取对象的常用方法

方 法 名 称	功 能 描 述
public void invalidate()	使此会话无效，然后取消对任何绑定到它的对象的绑定
public void removeAttribute(String name)	从 Servlet 上下文中移除具有给定名称的属性。完成移除操作后，为获取属性值而对#getAttribute 进行的后续调用将返回 null。 name：指定要移除的属性名称的 String
public void setAttribute(String name, Object object)	将对象绑定到此 Servlet 上下文中的给定属性名称。如果已将指定名称用于某个属性，则此方法将使用新属性替换具有该名称的属性。 name：指定属性名称的 String。 object：表示要绑定的属性的 Object
public Object getAttribute(String name)	返回具有给定名称的 Servlet 容器属性,如果不具有该名称的属性，则返回 null。 name：指定属性名称的 String
public java.util.Enumeration<E> getAttributeNames()	返回包含此 Servlet 上下文中可用属性名称的 Enumeration。使用带有一个属性名称的#getAttribute()方法获取属性值

任务透析

【子任务 1】由一个 Servlet 转换到 JSP 页面，在 Servlet 程序中向 Request、Session、ServletContext 三大作用域中共享数据，在 JSP 页面上将这些数据取出。

步骤 1：编写 Servlet。

```
import java.io.IOException;
import javax.servlet.ServletContext;
import javax.servlet.ServletException;
import javax.servlet.http.HttpServlet;
import javax.servlet.http.HttpServletRequest;
import javax.servlet.http.HttpServletResponse;
import javax.servlet.http.HttpSession;
public class ShareDataServlet extends HttpServlet{
    public void doGet(HttpServletRequest request, HttpServletResponse
response)throws ServletException, IOException{
        request.setAttribute("request_value", "在request域中共享的对象");
        HttpSession session=request.getSession(); // 获得session对象
        session.setAttribute("session_value", "在session域中共享的对象");
        ServletContext context=this.getServletContext(); // 由本
                                // HttpServlet对象得到Servlet的上下文
        context.setAttribute("context_value", "在ServletContext域中共享
的对象");
        //跳转到index.jsp页面，在页面中将共享的对象显示出来
        request.getRequestDispatcher("/index.jsp").forward(request,
response);
    }
    public void doPost(HttpServletRequest request, HttpServletResponse
response)throws ServletException,IOException{
        doGet(request,response);
    }
}
```

步骤 2：Servlet 跳转到 index.jsp 页面，在页面上用 ${key} 标签将数据值显示出来。注意，${} 是 EL 表达式，读者可参考单元七中的任务一。

```
<%@ page language="java" contentType="text/html; charset=UTF-8"
pageEncoding="UTF-8"%>
<!DOCTYPE html>
<html>
<head>
<meta charset="UTF-8">
<title>Insert title here</title>
</head>
<body>
    这是request域中共享的数据: ${request_value}
    <br>这是session域中共享的数据: ${session_value}
    <br>这是servletContext域中共享的数据: ${context_value}
    <br>
</body>
</html>
```

步骤 3：发布工程，在不同的时机来运行 index.jsp，查看可以取到哪些数据。

① 直接通过 SharedDataServlet 转发到 index.jsp。

② 不关闭浏览器，新打开一个浏览器窗口（标签），在新窗口中直接运行 index.jsp 页面。

③ 重启浏览器，再次在浏览器中直接运行 index.jsp 页面。

④ 重启服务器后，在浏览器中再次运行 index.jsp 页面。

视频 2.9　Servlet
获取共享数据

【子任务 2】在不同的 Servlet 程序间共享数据。

步骤 1：编写 TestSharedDataServlet1，向 3 个域中写对象，跳转到另外一个 Servlet。

```
import java.io.IOException;
import javax.servlet.ServletContext;
import javax.servlet.ServletException;
import javax.servlet.http.HttpServlet;
import javax.servlet.http.HttpServletRequest;
import javax.servlet.http.HttpServletResponse;
import javax.servlet.http.HttpSession;
public class TestSharedDataServlet1 extends HttpServlet{
    public void doGet(HttpServletRequest request, HttpServletResponse
response)throws ServletException, IOException{

        request.setAttribute("request_value", "在request域中共享的对象");
        HttpSession session=request.getSession(); // 获得session对象
        session.setAttribute("session_value", "在session域中共享的对象");
        ServletContext context=this.getServletContext(); // 由本
                            // HttpServlet对象得到Servlet的上下文
        context.setAttribute("context_value", "在ServletContext域中共享
的对象");

        //跳转到下一个Servlet
        request.getRequestDispatcher("/servlet/GetSharedDataServlet2").
forward(request,response);
    }
    public void doPost(HttpServletRequest request, HttpServletResponse
response)throws ServletException, IOException{
        doGet(request,response);
    }
}
```

步骤 2：编写 GetSharedDataServlet2，在 GetSharedDataServlet2 中取出共享域中的数据，在控制台输出和页面输出。

```
import java.io.IOException;
import java.io.PrintWriter;
import javax.servlet.ServletException;
import javax.servlet.http.HttpServlet;
import javax.servlet.http.HttpServletRequest;
import javax.servlet.http.HttpServletResponse;
```

```
public class GetSharedDataServlet2 extends HttpServlet{
    public void doGet(HttpServletRequest request, HttpServletResponse
response)throws ServletException, IOException{
        String request_value=(String) request.getAttribute("request_value");
        String session_value=(String) request.getSession().getAttribute
("session_value");
        String context_value=(String)this.getServletContext(). getAttribute
("context_value");
        System.out.println("request_value="+request_value);
        System.out.println("session_value="+session_value);
        System.out.println("context_value="+context_value);
        PrintWriter out=response.getWriter();
        out.println("request_value="+request_value);
        out.println("session_value="+session_value);
        out.println("context_value="+context_value);
        out.flush();
    }
    public void doPost(HttpServletRequest request, HttpServletResponse
response)throws ServletException, IOException{
        doGet(request,response);
    }
}
```

课堂提问

① 数据共享域的作用有哪些？为什么需要用到数据共享域？

② 三大数据作用域各自有什么特点？什么情况下需要选取哪种数据共享域？

③ 三大作用域对象的生命周期如何？

④ 分别举例说明数据共享域在实际网站中的应用案例。

任务七　使用 Servlet 处理 Cookie

任务描述

用 Cookie 来保存用户登录信息，在下次登录时，将用户名和密码自动输入表单。

必备知识

1. Cookie 的定义

Cookie 有时也用其复数形式 Cookies，指某些网站为了辨别用户身份、进行 Session 跟踪而存储在用户本地终端上的数据（通常经过加密）。简单来说，Cookie 是一小段文本，是将 Cookie 会话数据保存在客户端，来维护会话状态的一种方式。

Cookie 是由服务器端生成，发送给 User-Agent（一般是浏览器），浏览器会将 Cookie 的 key/value 保存到某个目录下的文本文件内，下次请求同一网站时就发送该 Cookie 给服务器（前提是浏览器设置为启用 Cookie）。Cookie 名称和值可以由服务器端开发人员自定

义，服务器可以设置或读取 Cookies 中包含的信息，借此维护用户跟服务器会话中的状态。

2．Cookie 的分类

① 会话 Cookie：如果不设置过期时间（Cookie 的消失时间默认为–1），则表示这个 Cookie 生命周期为浏览器会话期间，只要关闭浏览器窗口，Cookie 就消失了。这种生命期为浏览会话期的 Cookie 称为会话 Cookie。会话 Cookie 一般不保存在硬盘上而是保存在内存中，Session 就是使用这个机制维持会话状态。

② 持久 Cookie：如果设置了过期时间，浏览器就会把 Cookie 保存到硬盘上，关闭后再次打开浏览器，这些 Cookie 依然有效，直到超过设置的过期时间。存储在硬盘上的 Cookie 可以在不同的浏览器进程间共享，比如两个 IE 窗口。本节主要讨论持久 Cookie。

3．Cookie 的作用

Cookie 是服务器暂时存放在用户计算机中的数据（.txt 格式的文本文件），让服务器用来辨认计算机。当用户在浏览网站时，Web 服务器会发送一些需要的数据信息到用户的计算机上，比如会记录用户在网站上所输入的文字或者一些选择。当下次再访问同一个网站时，Web 服务器会先查看有没有上次留下的 Cookies 数据，如果有，就会依据 Cookie 中的内容来判断使用者，送出特定的网页内容给用户。

网站可以利用 Cookies 跟踪统计用户访问该网站的习惯，比如什么时间访问，访问了哪些页面，在每个网页的停留时间等。利用这些信息，一方面可以为用户提供个性化的服务；另一方面，也可作为了解所有用户行为的工具，对于网站经营策略的改进有一定参考价值。

4．建立 Cookie 和销毁 Cookie

javax.servlet.http.Cookie 类中操作 Cookie 的方法如表 2–11 所示。

表 2–11　javax.servlet.http.Cookie 类中操作 Cookie 类的方法

方 法 名 称	功 能 描 述
public Cookie(String name, String value)	构造带指定名称和值的 Cookie。 名称必须遵守 RFC 2109。这意味着它只能包含 ASCII 字母数字字符，不能包含逗号、分号或空格，也不能以$字符开头。Cookie 的名称在创建之后不得更改。 name：指定 Cookie 名称的 String。 value：指定 Cookie 值的 String
public void setMaxAge(int expiry)	设置 Cookie 的最大生存时间，以秒为单位。正值表示 Cookie 将在经过该值表示的秒数后过期。 expiry：指定 Cookie 的最大生存时间（以秒为单位）的整数；如果为负数，则表示不存储该 Cookie；如果为 0，则删除该 Cookie
public int getMaxAge()	返回以秒为单位指定的 Cookie 的最大生存时间，默认情况下，–1 指示该 Cookie 将保留到浏览器关闭为止
public String getName()	返回 Cookie 的名称。名称在创建之后不得更改
public void setPath(String url)	指定客户端应该返回 Cookie 的路径。 url：指定路径的 String
public String getPath()	返回浏览器将此 Cookie 返回到服务器上的路径。Cookie 对于服务器上的所有子路径都是可见的
public void setValue(String newValue)	在创建 Cookie 之后将新值分配给 Cookie。 newValue：指定新值的 String
public String getValue()	返回 Cookie 的值

public interface javax.servlet.http.HttpServletResponse 类中操作 Cookie 的方法如表 2-12 所示。

表 2-12　HttpServletResponse 类中操作 Cookie 的方法

方 法 名 称	功 能 描 述
public void addCookie(Cookie cookie)	将指定 Cookie 添加到响应。可多次调用此方法设置一个以上的 Cookie。 Cookie：要返回给客户端的 Cookie

扫一扫

视频 2.10　Cookie
读取登录信息

任务透析

用户登录网站时，选择保存登录信息功能，将信息写入 Cookie，再次登录时，自动读取用户数据到表单上。

步骤 1：编写登录 login.jsp 页面，里面有一个复选框，选择是否记住登录信息到 Cookie。

```jsp
<%@ page language="java" contentType="text/html; charset=UTF-8"
    pageEncoding="UTF-8"%>
<!DOCTYPE html>
<html>
<head>
<meta charset="UTF-8">
<title>用户登录</title>
</head>
<body>
    <form name="f1" action="servlet/SaveInfoToCookieServlet"
method="post">
        用户名: <input type="text" name="username"
value="${username }">${errorInfo}<br>
        密码:<input type="password" name="password" value="${password }">
<br>
        记住登录信息: <input type="checkbox" name="saveInfo"
value="saved"> <br>
        <input type="submit" value="登录">
    </form>
</body>
</html>
```

步骤 2：编写登录的 SaveInfoToCookieServlet。判断用户名和密码是否为空，若为空，请求重定向到首页；不为空时，判断用户名和密码是否正确。用户名和密码不正确，写出错误信息到 Request 域，并将错误信息在登录页面显示出来；如果用户名和密码正确，判断是否勾选记住登录信息复选框。如果勾选，将信息写入 Cookie，否则删除已有的 Cookie 信息，直接登录。

```
import java.io.IOException;
import javax.servlet.ServletException;
import javax.servlet.http.Cookie;
import javax.servlet.http.HttpServlet;
import javax.servlet.http.HttpServletRequest;
import javax.servlet.http.HttpServletResponse;
public class SaveInfoToCookieServlet extends HttpServlet{
    public void doGet(HttpServletRequest request, HttpServletResponse
response)throws ServletException, IOException{
        String username=request.getParameter("username");
        String password=request.getParameter("password");
        String saveInfo=request.getParameter("saveInfo");
        if(username!=null&& password!=null) {
            if(username.equals("admin")&&password.equals("123")){
                request.getSession().setAttribute("loginuser",username);
                if(saveInfo!=null&&saveInfo.equals("saved")){
                    System.out.println("save cookie");
                    // 用 Cookie 保存登录信息，并登录
                    Cookie cookie_username=new Cookie("username", username);
                    Cookie cookie_password=new Cookie("password", password);
                    cookie_username.setMaxAge(24*60*60);
                    cookie_password.setMaxAge(24*60*60);
                    response.addCookie(cookie_username);
                    response.addCookie(cookie_password);
                    request.getRequestDispatcher("/welcome.jsp").
forward(request,response);
                }else {
                    // 不保存登录信息，并删除 Cookie 以前所保存的信息
                    // 删除所保存的 Cookie 信息的方法一
                    /*
                    * Cookie usercookie=new Cookie("username",null); Cookie
                    * pwdcookie=new Cookie("password",null);
                    * usercookie.setMaxAge(0); pwdcookie.setMaxAge(0);
                    * response.addCookie(usercookie);
                    * response.addCookie(pwdcookie);
                    */
                    //删除所保存的 Cookie 信息的方法二，得到客户端的 Cookie，分别将其
                    //设置过期为时间 0
                    Cookie[] cookies=request.getCookies();
                    for(int i=0;i<cookies.length; i++){
                        if      (cookies[i]!=null&&cookies[i].getName().equals
("username")){
                            cookies[i].setMaxAge(0);
                            response.addCookie(cookies[i]);
                        }
                        if(cookies[i]!=null&&cookies[i].getName().equals
("password")) {
                            cookies[i].setMaxAge(0);
                            response.addCookie(cookies[i]);
                        }
```

```
                }
            request.getRequestDispatcher("/welcome.jsp").forward(request,
response);
            }
        }else {// 用户名密码错误，返回登录页面
            request.setAttribute("errorInfo", "用户名或密码错误");
            request.getRequestDispatcher("/index.jsp").forward (request,
response);
            }
        }
        else        // 用户名密码为空，返回登录页面，此时不能携带 request 信息
        {
            System.out.println("直接用 Servlet 来访问，没有通过表单提交，用户名
或密码为空");
            response.sendRedirect(request.getContextPath()+"/index.jsp");
        }
    }
    public void doPost(HttpServletRequest request, HttpServletResponse
response)throws ServletException, IOException{
        doGet(request,response);
    }
}
```

步骤 3：编写进入首页的 GoToIndexServlet，读取 Cookie 的 Servlet，跳转到登录页面，若有相关信息，则自动填写到登录页面。

```
import java.io.IOException;
import javax.servlet.ServletException;
import javax.servlet.http.Cookie;
import javax.servlet.http.HttpServlet;
import javax.servlet.http.HttpServletRequest;
import javax.servlet.http.HttpServletResponse;
public class GoToIndexServlet extends HttpServlet{
    public void doGet(HttpServletRequest request, HttpServletResponse
response)throws ServletException, IOException{
        Cookie[] cookies=request.getCookies();
        String username="";
        String password="";
        if(cookies!=null){
            for(int i=0;i<cookies.length;i++)
            {
                if(cookies[i]!=null&&cookies[i].getName().equals("username"))
                    username=cookies[i].getValue();
                if(cookies[i]!=null&&cookies[i].getName().equals("password"))
                    password=cookies[1].getValue();
            }
        }
        request.setAttribute("username", username);
        request.setAttribute("password", password);
        request.getRequestDispatcher("/index.jsp").forward(request,response);
    }
```

```
    public void doPost(HttpServletRequest request, HttpServletResponse
response)throws ServletException, IOException{
        doGet(request,response);
    }
}
```

步骤 4：编写欢迎页面。

```
<%@ page language="java" contentType="text/html; charset=UTF-8"
    pageEncoding="UTF-8"%>
<!DOCTYPE html>
<html>
<head>
<meta charset="UTF-8">
<title>Insert title here</title>
</head>
<body>
    ${loginuser},welcome you!!! <br>
</body>
</html>
```

步骤 5：测试程序。此时不能由 index.jsp 进入首页，应该通过 GoToIndexServlet 进入首页。运行 GoToIndexServlet 将跳转至 index.jsp 页面，此时，若系统中已有 Cookie 数据，则会自动填入表单。一旦再次登录时未选择记住登录信息复选框，则删除 Cookie。

程序运行结果如图 2-22 所示。

图 2-22　程序运行结果

课堂提问

① 简述 Cookie 的作用。

② 简述 Cookie 的创建和删除方法。

③ 谈谈 Cookie 和 Session 的关系。

④ 如何得到本网站曾写到客户端所有的 Cookie 信息？

单 元 小 结

　　Servlet 在 Java EE 中是一个非常重要的技术，在 Web 开发中至关重要。Servlet API 由 4 个包组成，其中 javax.servlet 和 java.servlet.http 是最重要的两个包。本单元介绍了 Servlet 的创建和配置方法、Servlet 的执行过程和生命周期，包括如何获取请求参数、如何检索请求头信息和设置响应信息、如何在 Servlet 中控制页面的跳转。Servlet 数据共享域是 Web 开发中常用的内容，本单元重点介绍了三大数据共享域的生命周期，以及向三大共享域存取数据的方法，还介绍了 Cookie 和 Session 对象的相关知识，以及它们在实际开发中的运用。Servlet 在 MVC 设计模式中充当了控制器 Controller 的角色，在 Web 开发中起着核心关键作用，请读者务必重点掌握。

思 考 练 习

一、选择题

1. 下列（　　　）不是 Servlet 生命周期方法。

　　A. destroy 　　　　　B. service 　　　　　C. get 　　　　　D. init

2. 直接以 http://localhost:9080/Test/ ServletDemo 运行，调用的是（　　　）方法。

　　A. doPost 　　　　　B. doGet 　　　　　C. get 　　　　　D. init

3. 将一个 User 对象 u 共享到 Session 作用域中，下面语句正确的是（　　　）。

　　A. request.setAttribute("User", u); 　　　　B. session.setAttribute("User", u);

　　C. application.setAttribute("User", u); 　　D. session.getAttribute("User", u);

4. 设置一个 Cookie 对象的有效时间为 24 小时，下列代码正确的是（　　　）。

　　A. cookie.setMaxAge(24);

　　B. cookie_username.setMaxAge(24 * 60);

　　C. cookie_username.setMaxAge(24 * 60 * 60);

　　D. cookie_username.setMaxAge(24 * 24);

5. 如果 Servlet 向客户端发送一张图片，应设置的 MIME 类型是（　　　）。

　　A. text/html 　　　　B. img/jpeg 　　　　C. application/jpeg 　　D. html/jpeg

6. 下列（　　　）语句可以从 ServletContext(Application)域对象 application 中得到 key 为 User 的对象（　　　）。

A. application.setAttribute("User", u);　　　B. application.getAttribute("User");

C. session.getAttribute("User", u);　　　D. application.getAttribute("User", u);

7. 下列（　　　）方法会使会话失效。

A. invalidate()　　　B. destroy()　　　C. close()　　　D. end()

8. 下列（　　　）语句可将 Cookie 对象 cookie1 写入客户端。

A. session.addCookie(cookie1);

B. request.addCookie("cookie",cookie1);

C. application.addCookie(cookie1);

D. response.addCookie(cookie1);

二、填空题

1. Servlet 中跳转页面的方式有两种：一种叫请求转发；一种叫请求重定向，跳转到 index.jsp 页面，其代码分别为＿＿＿＿＿＿和＿＿＿＿＿＿。

2. 使用 Servlet 向客户端输出 HTML 标签<head>，代码为＿＿＿＿＿＿。

3. 当用 Eclipse 创建一个 Servlet 时，会帮用户自动在 web.xml 中配置这个 Servlet，假定这个 Servlet 名称为 LoginServlet，那么默认为这个 Servlet 配置的访问<url-pattern>属性是＿＿＿＿＿＿。

4. 将一个共享到 Appliaction 域中的对象删除，这个对象的 key 为 TestAppliation，删除这个对象的代码为＿＿＿＿＿＿。

JSP 编程技术 ‹‹‹

JSP 是一种动态网页技术标准，它基于 Java Web 开发技术，在静态网页 HTML 代码中加入 Java 程序片段和 JSP 标记，构成了 JSP 网页。JSP 作为 MVC 设计模式中 View 部分的主要实现技术，是 Java Web 开发中的重要组成部分。本单元通过 JSP 概述、脚本元素、JSP 指令元素、动作元素、内建对象等几个任务的学习，掌握 JSP 组件开发的基本知识，能在 Java Web 应用开发中灵活运用 JSP 技术。

本单元包括以下几个任务：
● 了解 JSP
● 应用 JSP 脚本元素
● 应用 JSP 指令元素
● 应用 JSP 动作元素
● 应用 JSP 内建对象

任务— 了解 JSP

任务描述

了解 JSP 的含义、运行过程，掌握 JSP 页面结构各部分的含义，学会在 Eclipse 中开发一个基本的 JSP 页面。

必备知识

1. JSP 的含义

1999 年末，Sun Microsystems 公司正式发布了 Java Server Pages（JSP）技术。JSP 技术是建立在 Java Servlet 技术之上的，其设计目的是提高程序员创建 Web 项目的开发效率。

JSP 是一种用于开发包含动态内容的 Web 页面的技术，是一种 Java 服务器端技术，它用于在网页上显示动态内容。在 HTML 页面中，仅仅能包含静态内容，这些内容永远都是一样的，与此不同，JSP 页面可以根据用户所提供的信息，动态地获得不同的响应结果，也就是说，JSP 页面的内容会随着用户的不同请求动态地发生变化。

　　JSP 页面包含着标准的 HTML 标签元素，其标签的含义及用法与常规的 HTML 标签一样。除此之外，JSP 页面中还包含有一些特殊的 JSP 元素，从而使得用户可以在 JSP 页面中插入一些动态内容。JSP 中的动态元素可以完成各种各样的处理功能，如从数据库中获取数据、执行 Java 代码等。当用户请求一个 JSP 页面时，服务器会执行这些 JSP 动态元素，将执行结果与页面的静态内容加以合并，最终将动态合成的页面发送到客户端浏览器，这样用户就能看到 JSP 页面的响应结果。

　　以下代码就是一个最简单的 JSP 页面。

```
<%@ page language="java" import="java.util.*"
contentType="text/html; charset=UTF-8" pageEncoding="UTF-8"%>
<!DOCTYPE html>
<html>
<head>
<meta charset="UTF-8">
<title>第一个 JSP 页面</title>
</head>
<body>
    这是一个 JSP 页面
    <br>
    <%
        String name="Tom";
        out.println(name+"你好!");
    %>
    <br> 前时间是: <%=new Date().toString()%>
    <br>
</body>
</html>
```

　　该页面的运行结果如图 3-1 所示。

　　从以上示例可以看出，JSP 页面的扩展名为.jsp，它能有效控制动态内容的生成，在 JSP 页面中可以使用 Java 编程语言和类库。上面的示例中就使用了 Java 语言中的 String 类和 Date 类；其中的 HTML 标签用来表示静态内容，而 Java 代码则用于输出动态内容。

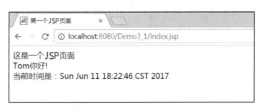

图 3-1　JSP 页面运行结果

　　通俗地讲，JSP 页面也就是在传统的 HTML 页面中加入一些 Java 执行语句以及一些 JSP 标签，从而构成了 Java 领域中的动态页面技术（JSP 技术）。

　　2．JSP 运行过程

　　JSP 的运行过程如图 3-2 所示，当 Web 服务器上的 JSP 页面第一次被请求执行时，Web 容器先将该 JSP 页面转译成 Servlet 源代码；接着 Web 容器再将转译之后的 Servlet 源代码编译成 class 字节码文件；然后 Web 容器通过 JVM（Java 虚拟机）解释执行该字节码文件来处理用户请求；最终将处理结果发送到客户端浏览器，这样用户即可看到响应结果。当 Web 服务器上的 JSP 页面不是第一次被请求时，因为该页面已经产生了 class 字节码文件，所以容器将直接执行该字节码文件来处理用户请求，从而提高了运行速度。因此可以看到，JSP 页面在第一次被请求时，因为有转译、编译、执行的过程，所以会比较慢。当该页面再次被请求时，因为只有执行过程，所以速度会很快。

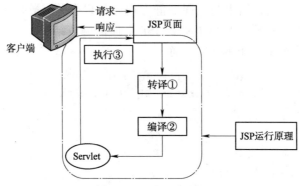

图 3-2　JSP 运行原理

从 JSP 的运行过程中可以看到，JSP 本质上就是一个 Servlet，即每个 JSP 页面最终都会转译成一个 Servlet 类，这个转换过程是由容器帮用户完成的。一个名为 index.jsp 的 JSP 页面转换为 Servlet 后可以到工作区间的目录\.metadata\.plugins\org.eclipse.wst.server.core\tmp1\work\Catalina\localhost\Demo3_1\org\apache\jspp 下找到对应的文件 index_jsp.java 和 index_jsp.class，如图 3-3 所示。

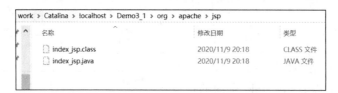

图 3-3　JSP 转换为.class 和.java 文件的位置

打开 index_jsp.java 文件，可以看到如下代码：

```
public final class index_jsp extends org.apache.jasper.runtime. Http
JspBase implements org.apache.jasper.runtime.JspSourceDependent{

    }
```

其中，HttpJspBase 类继承了 HttpServlet 类。由此可见，JSP 本质上最终会转化为一个 Servlet 来执行，对于 index_jsp.java 的详细代码，此处不再详述，有兴趣的读者可以进一步深入学习。

3. JSP 页面结构

JSP 页面由 JSP 动态元素及其静态内容组成，一般来说，一个 JSP 页面由指令元素、静态内容、JSP 脚本元素、动作元素、EL 表达式、注释等元素组成，这些内容在后续内容中会详细讲解。

（1）指令元素

在 JSP 中，指令元素用来指定有关页面本身的信息，这些信息在请求之间一直保持不变，例如，使用 page 指令指定页面所采用的字符集，以便正确显示中文信息。JSP 指令以 "<%@" 开始，以 "%>" 结束，以下代码就是 page 指令的用法：

```
<%@ page language="java" import="java.util.*" pageEncoding="utf-8"%>
```

在以上代码中使用了 page 指令的 language、pageEncoding、import 属性。这 3 个属性的含义如下：

language 属性用来指定容器（Container）使用哪一种语言的语法来编译 JSP 页面，言下之意是 JSP 可以使用其他语言来编写，不过目前只能使用 Java 语法编译，所以在这里将 language 属性设置为 java。

pageEncoding 属性用来指定页面的编码形式，此处指定为 utf-8，这样即可正确显示中文。

import 表示本 JSP 页面需要用到哪些 Java 类，在 JSP 所对应的 Servlet 程序中会生成对应的 import 语句。

（2）静态内容

在 JSP 中，静态内容包括所有 HTML 标签所修饰的内容以及纯文本内容，浏览器将按照 HTML 语法来解析并显示静态内容。以下代码就是 JSP 中的静态内容。

```
<head>
    <title>第一个 jsp 页面</title>
</head>
<body>
    这是一个 jsp 页面<br>
</body>
```

（3）JSP 脚本元素

JSP 中的脚本元素用来在 JSP 页面中增加一小段 Java 执行代码，当用户请求页面时，将执行 JSP 脚本，以便动态输出执行结果。以下代码就是一段 JSP 脚本：

```
<%
    String name="Tom";
    out.println(name+"你好!");
%>
```

通常将上面一段脚本称为 Java 小脚本，其执行代码必须包含在 "<%" 与 "%>" 之间。执行完该段脚本，将在页面显示 "Tom 你好!" 这一执行结果。

（4）动作元素

JSP 标准动作通常基于某些信息完成一些动作，例如，可以使用 include 标准动作包含另一个页面的内容，以便完成页面之间的组合，从而增强 JSP 页面的重用功性。例如，include 标准动作的用法：

```
<jsp:include page="Jsp2.jsp"/>
```

JSP 标准动作其实就是一个特殊的 JSP 标签而已，只不过该标签必须以 "jsp:" 为前缀，例如<jsp:include>。<jsp:include page="Jsp2.jsp"/>表示将在当前页面包含 Jsp2.jsp

页面的内容。

（5）EL表达式

EL（Expression Language，表达式语言）表达式是 JSP 2.0 中新增加的一个特性。EL 表达式是一种简单的语言，用来访问请求数据，它可以用于所有的 HTML 和 JSP 标签中。以下代码就是一个 EL 表达式：

```
${ 1+2 }
```

该 EL 表达式将完成计算功能，最终在页面的显示结果为 3。有关 EL 表达式的详细内容将在单元七中进行学习。

（6）注释

在 JSP 中注释的格式分为显式注释和隐式注释两种。

① 显式注释：其语法为<!-- 显式注释内容 -->。显式注释会被发送到客户端，用户通过查看页面源代码将看到注释内容；显式注释的语法与 HTML 中的注释是一样的，所以用户可以看到注释内容。显式注释的用法如下：

```
<!--
    显式注释，
    用户可以看到注释内容
-->
```

② 隐式注释：其语法为<%-- 隐式注释内容 --%>。隐式注释不会被发送到客户端，用户通过查看页面源代码将看不到注释内容。因为隐式注释属于 JSP 特有的注释，所以不会在客户端显示，这样用户就看不到注释内容。隐式注释语法如下：

```
<%--
    隐式注释，用户看不到注释内容
--%>
```

4. JSP 的优点

因为 JSP 是在 Servlet 的基础上发展起来的一门动态网页技术，所以要想深入理解 JSP 技术的优点，必须对照 Servlet 来分析。

相对于 Servlet 技术，JSP 可以很好地做到动态内容的生成与静态表示的分离，从而提高开发及维护的效率。图 3-4 很好地说明了 JSP 的这一优点。

从图 3-4 中不难看出，当整个网页的内容十分多且很复杂时，若用 Servlet 来开发动态网页，则必须大量使用 out.println()语句输出 HTML 标签，这样写程序很麻烦且很容易出错，因为 Java 语句与 HTML 标签严重混杂在一起，所以会使得程序的编写与阅读变得十分困难。若是采用 JSP 来编写动态网页，则会变得十分简单。在 JSP 页面中动态内容与静态表示是相互分离的，用户只是在需要动态内容时才加入 JSP 的动态元素，而静态表示通过 HTML 标签完成即可，而不用 out.print()代码去逐行地输出，这样就将 HTML 标签和 Java 程序动态输出的内容分离开了。

另外，JSP 技术可以很好地结合 Java 程序员与美工的工作，共同配合开发出精美且功能强大的动态网页；可以方便美工去美化网页，而不必去关注 Java 执行代码；也有助于 Java 编程人员不必去关注网页的美化，而只关注 Java 代码以得到动态内容。总之，相对于纯 Servlet 开发来说，以 JSP+Servlet 的方式开发或维护起来会更轻松、更简单。

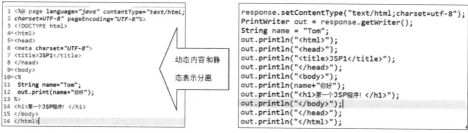

JSP 代码 　　　　　　　　　　　　　　　Servlet 代码

图 3-4　动态内容与静态表示分离

任务透析

用 Eclipse 开发一个 JSP 页面，在页面和控制台分别打印 1～100 中的奇数和偶数。

步骤 1：新建 Web 工程，在 WebRoot 目录下新建 JSP 页面（见图 3-5），命名为 myfirstjsp.jsp。

扫一扫

视频 3.1　在 JSP 页面上输出 1～100

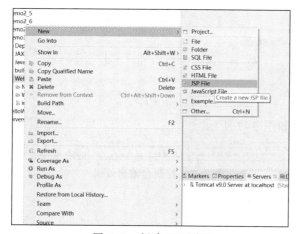

图 3-5　新建 JSP 页面

步骤 2：打开 JSP 页面，编辑页面内容。

```jsp
<%@ page language="java" contentType="text/html; charset=UTF-8"
    pageEncoding="UTF-8"%>
<!DOCTYPE html>
<html>
<head>
<meta charset="UTF-8">
<title>这是第一个 JSP 页面</title>
</head>
<body>
    1～100 的奇数为:
    <br>
    <%
```

```
        for(int i=1; i<=100; i=i+2){
        out.print(i+" ");
        System.out.print(i+" ");
    }
    System.out.println();
    %>
    <br> 1~100 的偶数为:
    <br>
    <%
        for (int i=2; i<=100; i=i+2){
        out.print(i+" ");
        System.out.print(i+" ");
    }
    %>
</body>
</html>
```

步骤 3：发布程序，在浏览器中运行 JSP 页面，运行结果如图 3-6 所示。

这是第一个JSP页面
localhost:8080/Demo3_1/myfirstjsp.jsp
1-100的奇数为:
1 3 5 7 9 11 13 15 17 19 21 23 25 27 29 31 33 35 37 39 41 43 45 47 49
51 53 55 57 59 61 63 65 67 69 71 73 75 77 79 81 83 85 87 89 91 93 95
97 99
1-100的偶数为:
2 4 6 8 10 12 14 16 18 20 22 24 26 28 30 32 34 36 38 40 42 44 46 48 50
52 54 56 58 60 62 64 66 68 70 72 74 76 78 80 82 84 86 88 90 92 94 96
98 100

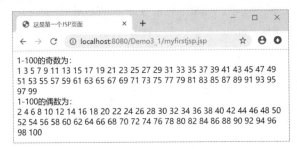

图 3-6　在浏览器中运行 JSP 页面

控制台输出效果如图 3-7 所示。

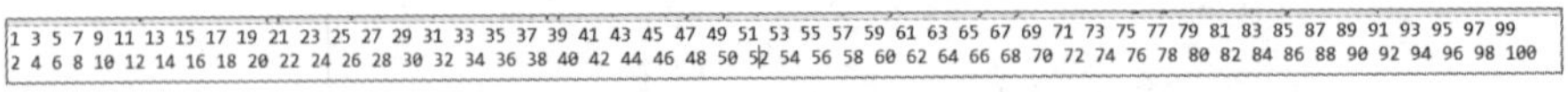

1 3 5 7 9 11 13 15 17 19 21 23 25 27 29 31 33 35 37 39 41 43 45 47 49 51 53 55 57 59 61 63 65 67 69 71 73 75 77 79 81 83 85 87 89 91 93 95 97 99
2 4 6 8 10 12 14 16 18 20 22 24 26 28 30 32 34 36 38 40 42 44 46 48 50 52 54 56 58 60 62 64 66 68 70 72 74 76 78 80 82 84 86 88 90 92 94 96 98 100

图 3-7　控制台输出效果

课堂提问

① JSP 页面由哪几部分组成？
② 简述 JSP 页面和 Servlet 之间的关系。
③ JSP 页面被自动转换为 Servlet 的文件目录在哪里，分别是什么文件？
④ JSP 开发和 Servlet 开发相比，各自的优势在哪里？

任务二　应用 JSP 脚本元素

任务描述

JSP 脚本元素能将 Java 代码嵌套在页面上，所有可执行的 Java 代码都可以放入脚本元素中执行。本任务学习脚本元素的分类及如何使用脚本元素，学会在 JSP 页面上用 JSP 脚本声明变量、方法，输出方法执行的结果。

必备知识

使用 JSP 脚本可以将 Java 代码嵌入到 JSP 页面中，JSP 页面通过执行脚本代码产生动态内容。在 JSP 中存在 3 种脚本元素，分别是声明（Declaration）、脚本（Scriplet）和表达式（Expression）。

1. 声明

声明用来在 JSP 页面中声明变量和定义方法。声明是以<%!开头，以%>结束的标签，其中可以包含任意数量的合法的 Java 声明语句。其语法为：

```
<%! Java 变量或方法 %>
```

下面是 JSP 声明的一个例子：

```
<%! int count=0; %>
```

上面代码声明了一个名为 count 的变量并将其初始化为 0。声明的变量仅在页面第一次载入时由容器初始化一次，初始化后在后面的请求中一直保持该值。

一个声明标签可以定义多个变量或方法，下面的代码在一个标签中声明了一个变量和一个方法：

```
<%!
    String color[]={"red", "green", "blue"};
    String getColor(int i){
    return  color[i];
    }
%>
```

也可以将上面的两个 Java 声明语句写在两个 JSP 声明标签中。例如：

```
<%! String color[]={"red", "green", "blue"}; %>
<%!
    String getColor(int i){
    eturn  color[i];
    }
%>
```

JSP 的声明语句相当于 Java 类中的属性及方法的定义语句，其声明语句最终被转换为 JSP 所转译后的 Servlet 类中的属性及方法的声明语句。当变量及方法被声明之后，接下来就可以在脚本元素和表达式中使用，在编写 JSP 页面时，通常会把声明、脚本、表达式 3 种脚本元素结合在一起使用。

2. Java 脚本

JSP 中的 Scriptlet 通常称为 Java 小脚本，Scriptlet 也就是在 JSP 页面中嵌入一段 Java 执行代码。其语法如下：

```
<% Java 执行代码 %>
```

"<% ... %>"之间是一段 Java 执行代码，每条 Java 语句都要以分号结尾，可以在一个 JSP 页面中嵌入多段 Scriptlet 小脚本，每段小脚本最终被转换为 JSP 所转译后的

Servlet 类中的 service()方法中的 Java 执行语句，多段 Scriptlet 小脚本在 Servlet 类中将是一个整体，都位于 service()方法中。以下代码定义了两段 Scriptlet 小脚本：

```
<%
  int sum=0;
  for(int i=1;i<=10;i++){
    sum+=i;
  }
%>
<%
  out.write("1 到 10 之间的和为: "+sum);
%>
```

这两段 Scriptlet 小脚本执行之后，将在页面显示"1 到 100 之间的和为：55"，这样也就通过小脚本完成了动态处理功能。

从理论上说，在 JSP 脚本元素中可以编写运行任意 Java 代码，其中，java.lang.* 包中的类可以直接使用，其他所需要的包需要在 page 指令元素中将包引入进来。

3. 表达式

在 JSP 中表达式是对数据的计算，最终在页面中显示计算结果。其语法如下：

```
<%= expression %>
```

<%= expression %>是一个表达式，可以视作<% out.println(expression); %>的一个简单表示法，其中 expression 是一个运算表达式，例如，<% out.println(new java.util.Date()); %>可以写成<%= new java.util.Date() %>，<% out.println(1+2); %>可以写成<%= 1+2 %>。注意：JSP 表达式后面不能加分号，若加了分号将会出错。以下代码说明了表达式的用法：

```
现在的时间为: <%= new java.util.Date()%>
1+2=<%=1+2%>
```

JSP 中的每个表达式最终都被转换为 JSP 所转译后的 Servlet 类中的 service()方法中的 out.print()输出语句，这样用户就能在浏览器中看到表达式的运行结果。

扫一扫

视频 3.2 使用 JSP
脚本元素

任务透析

使用 JSP 脚本元素，在页面上输出当前时间以及当前网页被访问的次数。

步骤 1：新建 Web 工程，新建 JSP 页面，编写 JSP 脚本元素代码，声明存储访问次数的变量，以及每次访问页面时增加访问次数的方法。代码如下：

```
<%@ page language="java" contentType="text/html; charset=UTF-8"
pageEncoding="UTF-8"%>
<!DOCTYPE html>
<html>
<head>
<meta charset="UTF-8">
<title>JSP 脚本</title>
</head>
```

```
<body>
    <h1>JSP 脚本综合示例</h1>
    <%!//定义 counter 变量用来统计网页访问次数
        int counter=0;

        //每次调用 doCount()方法将 counter 变量加 1
        synchronized void doCount() {
        counter++;
    }%>
    <%
        //每次刷新或访问该页面都调用一次 doCount()方法
        doCount();
    %>
        欢迎光临本网站, 您是第<%=counter%>位访问者
        <br>现在的时间为: <%=new java.util.Date()%>
    <br>

</body>
</html>
```

由于 Servlet 被载入后，将会一直存在于 JVM（Java 虚拟机）中，直到容器调用
destroy()方法销毁该 Servlet，或者关闭服务器后才会清除 Servlet 所产生的实例。所以，
使用 "<%!" 与 "%>" 声明变量时，必须注意数据共享与线程安全的问题，默认情况
下，容器会使用同一个 Servlet 实例响应所有用户的请求，而 "<%!" 与 "%>" 间声
明的变量对应至 Servlet 类的全局属性，所以对于同一个 Servlet 实例来说，如果某个
请求已设置了 counter 属性，而另一个请求要求显示 counter 属性，则第二个请求显示
的会是第一个请求所设置的值，这样就可以完成页面访问次数统计的功能。因为每次
对 counter 属性的累加都是在前一个用户累加之后的基础上执行的，所以每次用户请
求该页面或刷新该页面 counter 变量都会加 1。

注意：

在 doCount()方法之前加了 synchronized 关键字，该关键字可以让 doCount()
方法起到同步的作用，这样就可以防止不同用户同时调用此方法更改 counter
变量的值时发生冲突。

这个示例中只是粗略地对网页的访问次数进行了统计，因为每次刷新该页面都会
加 1，若某个用户请求了该页面之后，又对
该页面刷新了几次，则该用户就会被当作几
个不同的用户来看待，所以统计结果不够准
确。在以后的学习中，将通过其他技术精确
统计网站的访问人数。

步骤 2：发布工程，在浏览器中访问这
个页面。运行结果如图 3-8 所示。

图 3-8　在浏览器中运行 jsp 页面

课堂提问

① JSP 脚本元素有哪 3 种？各自的用法是什么？

② JSP 脚本元素的优缺点有哪些？可以用哪些其他技术来替代？

任务三　应用 JSP 指令元素

任务描述

JSP 指令用来指定页面本身的属性，控制对整个页面的处理。本任务学习 JSP 指令元素的用法及意义，学会在 JSP 页面上使用 page 指令、include 指令和 taglib 指令。

必备知识

JSP 指令用来指定页面本身的属性，它可以控制对整个页面的处理。通过指令可以指定页面所生成内容的类型、指定页面缓冲区大小、对页面所用的其他资源进行声明、导入 JSP 脚本所需的 Java 类库，以及处理可能的运行时错误等。虽然指令并不直接影响发送给浏览器的响应内容，但是它会通知容器该如何处理页面。

在 JSP 页面中可以使用 3 种不同的指令，分别是 page、include、taglib。

JSP 指令使用 "<%@" 与 "%>" 括起来，其通用语法如下：

```
<%@ 指令名称属性 1="属性值 1" 属性 2="属性值 2" … 属性 n="属性值 n"%>
```

下面将对这 3 种指令进行详细讲解。

1. page 指令

page 指令用来定义 JSP 文件中的全局属性。page 指令通常位于 JSP 页面的开头部分，可以通过 page 指令指定容器（Container）使用哪种语言语法来编译 JSP 页面、导入 Java 类库、指定页面缓冲区大小等，这些功能都是通过 page 指令的属性来设置的。

page 指令的语法如下：

```
<%@ page 属性 1="属性值 1" 属性 2="属性值 2" …属性 n="属性值 n"%>
```

在一个 JSP 页面中，可以定义一个或多个 page 指令，通常除了 import 属性之外，其他属性只需要定义一次即可。在编写 JSP 页面时，虽然可以在任意位置定义 page 指令，无论把 page 指令放在 JSP 的什么地方，它的作用范围都是相对于整个 JSP 页面的。但为了 JSP 页面的可读性及规范性，建议把 page 指令放在 JSP 文件的顶部。

page 指令的常用属性有 language、pageEncoding、contentType、import、buffer、errorPage、isErrorPage、isThreadSafe、isELIgnored（只限 JSP 2.0）等。

（1）language 属性

language 属性用来指定容器（Container）使用哪种语言的语法来编译 JSP 页面，言下之意是 JSP 可以使用其他语言来编译，不过目前只能使用 Java 语法来编译，因此 language 属性设置为 java。其语法如下：

```
<%@ page language="java" %>
```

（2）pageEncoding 属性

pageEncoding 属性用来指定页面的编码形式，通常将 pageEncoding 属性设置为 utf-8，这样即可正确显示中文。其语法如下：

```
<%@ page pageEncoding="页面编码形式" %>
```

例如：

```
<%@ page pageEncoding="utf-8"%>
```

或者

```
<%@ pagepageEncoding="gb2312"%>
```

指定页面所采用的编码形式为 utf-8 字符集或为 gb2312，两者只能任选其一。

（3）contentType 属性

contentType 属性用来指定 MIME 类型及页面所采用的字符集，通常将 MIME 指定为 text/html，即网页类型，也可在此处将字符集指定为 utf-8。在 Servlet 中，这部分对应于 HttpServletResponse 对象的 setContentType()方法，与其相对应的 Servlet 执行语句为：response.setContentType("text/html;charset=utf-8");。其语法如下：

```
<%@ page contentType="MIME 类型及字符集"%>
```

例如：

```
<%@ page contentType="text/html;charset=utf-8" %>
```

指定 MIME 类型为 text/html 网页类型，字符集为 utf-8，以便正确显示中文。

默认情况下，不需要指定 MIME 类型，默认值为 text/html。

（4）import 属性

import 属性相当于 Java 中的 import 导入语句，一旦通过 import 属性导入了 Java 类库，就可以直接在 JSP 脚本中使用这些类库。默认情况下，JSP 页面将自动导入 java.lang.*、javax.servlet.*和 javax.servlet.jsp.*包。

import 属性语法如下：

```
<%@ page import="Java 包或类的路径 1,Java 包或类的路径 2 …"%>
```

例如：

```
<%@ page import="java.io.*,java.util.Date" %>
```

表示导入了 java.io 包及 java.util.Date 类，接下来就可以在 JSP 脚本中使用 io 包以及 Date 类。当然上面的代码也可以通过两个 page 指令分别导入 io 包及 Date 类。修改之后的代码如下：

```
<%@ page import="java.io.*" %>
<%@ page import="java.util.Date" %>
```

（5）buffer 属性

buffer 属性用来指定从服务器到客户端输出流的缓冲区大小，预设值为 8 KB。注意，缓冲区的大小是以 KB 为单位的。其语法如下：

```
<%@ page buffer="缓冲区大小" %>
```

例如：

```
<%@ page buffer="16kb" %>
```

表示 JSP 页面的缓冲区大小为 16 KB。

（6）errorPage 属性

errorPage 属性用于设置当 JSP 执行时产生了异常而该异常又没有被捕获时，该由哪个页面来处理这个异常。其语法如下：

```
<%@ page errorPage="错误处理页面的 URL 地址" %>
```

例如：

```
<%@ page errorPage="/error.jsp" %>
```

表示当该 JSP 页面出错时其错误处理页面是根目录下的 error.jsp 页面。

（7）isErrorPage 属性

isErrorPage 属性用于设置 JSP 页面是否为错误处理页面，当 isErrorPage 属性的值为 true 时，表示该页面是一个错误处理页面；否则就不是一个错误处理页面；默认情况下 isErrorPage 属性值为 false。该属性要与 errorPage 配合使用。其语法如下：

```
<%@ page isErrorPage="true | false" %>
```

例如：

```
<%@ page isErrorPage="true" %>
```

表示此 JSP 页面是一个错误处理页面，可以对某些错误或异常进行处理。当某个 JSP 页面是错误页面时，可以直接使用 exception 对象获得详细的错误信息，下面的代码将通过 exception 对象获得异常类名以及异常堆栈跟踪的详细信息。

```
<%
    //输出异常类名
    out.println(exception);
    //输出异常堆栈跟踪详细信息
    exception.printStackTrace(new PrintWriter(out));
%>
```

（8）isThreadSafe 属性

isThreadSafe 属性用来设置 JSP 页面是否支持多线程处理；如果该属性设置为 true，则 JSP 页面能够同时处理多个用户的请求；相反，如果设置为 false，则 JSP 页面一次只能处理一个请求。默认情况下，isThreadSafe 属性值为 true。其语法如下：

```
<%@ page isThreadSafe="true | false" %>
```

例如：

```
<%@ page isThreadSafe="false" %>
```

表示该 JSP 页面不支持多线程处理，一次只能处理一个请求。

（9）isELIgnored 属性

isELIgnored 属性（只限 JSP 2.0）用于设置 JSP 网页中是否忽略 EL 表达式语言，默认情况下是 false，表示支持 EL 表达式；如果其值设置为 true，则忽略 EL 表达式的处理功能。其语法如下：

```
<%@ page isELIgnored="true | false" %>
```

例如：

```
<%@ page isELIgnored="true" %>
```

表示此 JSP 页面将忽略 EL 表达式的处理功能。一般情况下，不会指定页面忽略 EL 表达式的功能。

2．include 指令

include 指令用于将 HTML 文件或 JSP 页面嵌入到另一个 JSP 页面。其语法如下：

```
<%@ include file="被包含的文件 URL 地址" %>
```

include 指令只有一个 file 属性，该属性指定要在编译时包含的文件的名称。文件的名称应当在编译时已知，文件的内容将被嵌入到 include 指令所在的 JSP 页面中。被包含文件的路径一般是相对路径，不需要协议、主机名、端口号等信息。例如：

```
<%@ include file="/test.jsp" %>
```

如果路径以"/"开头，则表明是相对于 Web 工程根目录的路径；如果路径是以目录名或文件名开头，则表明是相对于该 JSP 文件的路径。以上代码表示该 JSP 页面将把 Web 工程根目录下的 test.jsp 页面的内容包含进来。

在实际的 Java Web 项目开发中，通常每个 JSP 页面都会采用相同的菜单、页眉、页脚。通常有两种实现方法：一种方法是在所有的 JSP 页面中编写菜单、页眉、页脚；另一种方法是通过 include 指令，将菜单、页眉、页脚作为一个组成部分包含进来，从而提高代码的重用性。

在一个 JSP 页面中，通常只需要一组<html>、<head>、<title>、<body>等页面结构标签，所以在编写页面时，可以专门建立 header.jsp、footer.jsp 页面，被正文内容页面所包含即可。

> 注意：
>
> include 指令是在 JSP 页面被转换成 Servlet 之前将指定的文件包含进来，它只能是静态包含，只能包含静态的资源，编译后形成一个文件。title.jsp 和 content.jsp 合起来只形成一个.java 文件，最后编译为一个.class 文件，如图 3-9 所示。
>
>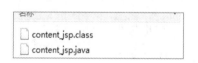
>
> 图 3-9　title.jsp 和 content.jsp 编译后得到的文件

3．taglib 指令

taglib 指令的作用是在 JSP 页面中将标签库描述符文件引入到该页面中，并设置前缀，然后利用标签的前缀使用标签库描述文件中的标签。标签库描述符文件为 XML 格式，包含一系列标签说明，其文件的扩展名为.tld。当要使用 JSP 中特有的标签时，必须先通过 taglib 指令导入该标签所对应的 tld 文件，然后才能使用。

taglib 指令的语法如下：

```
<%@ taglib uri="标签库描述符文件 URL 地址" prefix="前缀名" %>
```

在页面上引入 jstl 标准标签核心库 core 的语法如下：

```
<%@ taglib uri="http://java.sun.com/jsp/jstl/core" prefix="c"%>
```

此处导入了 JSP 中的核心标签（core 标签）并设置其前缀名为 c，接下来就可以利用前缀 c 在 JSP 页面中使用该标签。例如，标准标签中的 c:out 标签：

```
<c:out value="HelloWorld" />
```

扫一扫

视频 3.3　page 指令

该代码将在网页上显示 HelloWorld，有关 JSTL 标准标签的详细用法将在后续内容中进行详细讲解。

任务透析

【子任务 1】学习 page 指令的用法。

步骤 1：新建 Web 工程，建立页面 index.jsp，设置 errorPage 属性，即设置错误处理页面为 error.jsp。核心代码如下：

```
<%@ page language="java" contentType="text/html; charset=UTF-8"
    pageEncoding="UTF-8" errorPage="error.jsp"%>
<!DOCTYPE html>
<html>
<head>
<meta charset="UTF-8">
<title>Page 指令</title>
</head>
<body>
...
</body>
</html>
```

步骤 2：编辑 index.jsp 中正文内容，在里面编辑脚本代码块，制造一个除 0 异常。

```
<body>
  <%
    Date date=new Date();
    out.println("现在的时间是: "+date);
    //除零异常且没有被捕获，将跳转到errorPage属性所指定的错误页面中进行处理，这
    //里将跳转到error.jsp页面中
    int i=5/0;
  %>
  <h1>Page 指令的用法</h1>
  1+2=${1+2}
</body>
```

步骤 3：建立 error.jsp 页面，设置 isErrorPage 属性为 true。

```
<%@ page language="java" contentType="text/html; charset=UTF-8"
    pageEncoding="UTF-8" isErrorPage="true"
import="java.io.PrintWriter"%>
<!DOCTYPE html>
<html>
<head>
<meta charset="UTF-8">
<title>错误处理页面</title>
</head>
<body>
    <h1>除零错误</h1>
```

```
<%
    //输出异常类名
    out.println(exception);
    //换行
    out.println("<br/>");
    //输出异常堆栈跟踪详细信息
    exception.printStackTrace(new PrintWriter(out));
%>
</body>
</html>
```

步骤 4：发布工程，运行 index.jsp 页面，因为页面中有 int i=5/0;除 0 异常代码，将执行 error.jsp 将异常信息输出。程序运行结果如图 3-10 所示。

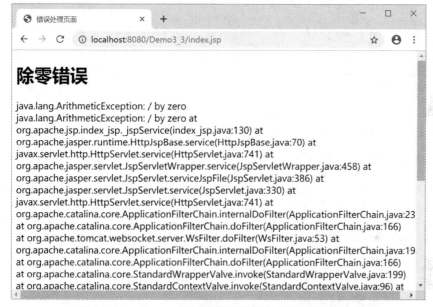

图 3-10　index.jsp 页面跳转到错误处理页面运行结果

步骤 5：若将 index.jsp 文件中的"int i=5/0;"代码注释掉，再运行程序，将看到如图 3-11 所示的显示界面。

图 3-11　index.jsp 页面正常运行结果

如果已将 index.jsp 页面中的 page 指令的 isELIgnored 属性设置为 true，该页面将忽略 EL 表达式的处理功能，最终 "${1+2}" EL 表达式将会被当作普通的文字在网页中原样显示出来，而不会显示计算结果为 3。

【子任务 2】学习 include 指令用法。

步骤 1：建立 header.jsp 页面。

```
<%@ page language="java" contentType="text/html; charset=UTF-8"
    pageEncoding="UTF-8"%>
<!DOCTYPE html>
<html>
<head>
<meta charset="UTF-8">
<title>My JSP 'header.jsp' starting page</title>
</head>
<body>
    <b>页面头部信息</b>
</body>
</html>
```

步骤 2：建立 footer.jsp 页面。

```
<%@ page language="java" contentType="text/html; charset=UTF-8"
    pageEncoding="UTF-8"%>
<!DOCTYPE html>
<html>
<head>
<meta charset="UTF-8">
<title>Insert title here</title>
</head>
<body>
    <b>页面底部信息</b>
</body>
</html>
```

步骤 3：新建 includedemo.jsp，将 header.jsp 和 footer.jsp 包含进来。

```
<%@ page language="java" contentType="text/html; charset=UTF-8"
    pageEncoding="UTF-8"%>
<!DOCTYPE html>
<html>
<head>
<meta charset="UTF-8">
<title>Insert title here</title>
</head>
<body>
    <%@include file="header.jsp"%><br>
    Include 指令示例网页的正文
    <br>
    <%@include file="footer.jsp"%>
```

```
</body>
</html>
```

步骤 4：发布工程，启动 Tomcat 服务器，在浏览器中运行 includedemo.jsp，运行结果如图 3-12 所示。

图 3-12　includedemo.jsp 页面运行结果

课堂提问

① JSP 指令元素有哪 3 种，各自的作用和意义是什么？

② page 指令有哪些常用属性，分别是什么意义？

③ 如何让 include 指令包含另一个页面？

④ 在 JSP 页面上引入标准标签的语法是什么？

任务四　应用 JSP 动作元素

任务描述

了解 JSP 动作元素的含义、掌握基本的 5 个动作元素的用法及意义。

必备知识

在前面的学习中，可以通过 JSP 脚本定义变量、方法甚至类，需要用脚本在页面上写入大量的 Java 代码，而这些代码会使页面变得十分混乱，可读性不强，不利于页面的升级与维护，在实际开发中必须尽量减少脚本的使用量。JSP 动作元素在一定程度上解决了这个问题，通过 JSP 标准动作标签，替代一些脚本语法。同 JSP 脚本元素一样，JSP 标准动作在浏览器请求 JSP 页面时执行。

JSP 中的标准动作使用<jsp>作为前缀，与普通标签所不同的是，标准动作中的属性是区分大小写的，属性中的值必须用双引号引起来。

JSP 标准动作一共有 5 个，分别是<jsp:useBean>、<jsp:setProperty>、<jsp:getProperty>、<jsp:forward>、<jsp:include>。

在使用 JSP 标准动作时，既能以空标签的方式使用，也能以容器标签的方式使用。所谓空标签就是没有主体内容，也没有结束标签，即在标签内就已经结束的标签。其语法如下：

```
<jsp:动作名称属性名 1="属性值 1"属性名 2="属性值 2"... />
```

容器标签是指既有起始标签又有结束标签，且有主体内容的标签。其语法如下：

```
<jsp:动作名称属性名 1="属性值 1"属性名 2="属性值 2"...>
  主体内容
</jsp:动作名称>
```

JSP 标准动作除了可以使用 JavaBean 之外，还可以将用户请求转发给其他页面，也能将其他页面的内容嵌入到当前页面。下面分别讲解各标准动作的用法。

1. <jsp:useBean>、<jsp:setProperty>、<jsp:getProperty>动作元素

什么是 JavaBean？JavaBean 是 Java 程序设计中的一种组件技术，Sun 公司把 JavaBean 定义为可重复使用的软件组件。在早期的 Java Web 开发中，需要用脚本语言在页面上写入大量的 Java 代码，而这些代码会使得页面变得十分混乱，可读性不强，不利于页面的升级与维护，代码在可移植性、重用性等方面都很有局限，因此出现了 JavaBean。将页面上的代码移植到普通的 Java 类中，JSP 技术提供了 JSP 标准动作来使用这些类，这些类就称为 JavaBean。使用 JavaBean 的标签有<jsp:useBean>、<jsp:getProperty>和<jsp:setProperty>，可以利用 JavaBean 将程序的逻辑处理与视图部分分离。提高代码的重用性，降低开发人员的劳动强度，从而缩短开发周期。这是 JSP 较为早期的做法，俗称改进的 JSP Model1。

然而，Java Web 开发发展至今，已经采用了 JSP Model2 的架构模型，即 MVC 设计模式（JSP+Servlet+JavaBean 的方式）。通常情况下，使用 Servlet 接收、处理数据并封装到 JavaBean 中。如果涉及数据库的操作，还引入了 DAO 设计模式，采用实体类+DAO 接口的方式获得数据。DAO 设计模式中，使用 DAO 接口完成数据的增加、删除、修改、查找，在 JavaBean 中通常不做数据的业务操作，JavaBean 只是代表了一行数据（即一条记录），比如网页要显示一个用户的信息，则这个 JavaBean 就是 User 类。

因此，如今的 JavaBean 更多意义上来说是一个实体类，用于存放数据，是一个公开的（public）类别，具有私有的属性，并具有公开的（public）getter()与 setter()方法来访问这些属性。JavaBean 与普通的 Java 类之间的区别在于 JavaBean 不需要继承任何特定的类或实现特定的接口。

在定义 JavaBean 时，通常要遵循以下语法规范：

① JavaBean 是一个公有的（public）类。

② JavaBean 中的属性是私有的（private）。

③ JavaBean 必须具有一个不带任何参数的公有的默认构造方法。

④ JavaBean 为每个属性定义相应的 setter()和 getter()方法，以便读取和设置 JavaBean 中的属性。

通常 setter()和 getter()方法都是公有的，但是，假如某属性对于用户来说只能读但不能修改，则该属性对应的 getter()方法是公有的，而其 setter()方法则是私有的，这样就能做到只读效果。

以下代码就是一个典型的 JavaBean：

```
package com.test.bean;
public class  User{
```

```
//私有属性
private String userName;
private String password;
//不带任何参数的公有的默认构造方法
public User(){
}
//与属性对应的 get()和 set()方法
public String getUserName(){
    returnuserName;
}
public void setUserName(String userName){
    this.userName=userName;
}
public String getPassword(){
    returnpassword;
}
//私有 set()方法,表明 password 属性只能读但不能修改
private void setPassword(String password){
    this.password=password;
}
}
```

JSP 页面可以通过标签从 JavaBean 对象中获得数据并显示给用户, JSP 提供了 3 个关于 JavaBean 组件的动作元素, 即 JSP 标签, 下面分别进行介绍。

（1）<jsp:useBean>标签

<jsp:useBean>标签用于在指定的域范围内查找指定名称的 JavaBean 对象,如果存在则直接返回该 JavaBean 对象的引用;如果不存在则实例化一个新的 JavaBean 对象并将它以指定的名称存储到指定的域范围中。

常用语法:

```
<jsp:useBean id="beanName" class="package.class"
                    scope="page|request|session|application"/>
```

各属性的含义如表 3-1 所示。

表 3-1　jsp:useBean 各属性的含义

属 性 名 称	属 性 含 义
id	用于指定 JavaBean 实例对象的引用名称和其存储在域范围中的名称
class	用于指定 JavaBean 的完整类名（即必须带有包名）
scope	用于指定 JavaBean 实例对象所存储的域范围

（2）<jsp:setProperty>标签

<jsp:setProperty>标签用于设置和访问 JavaBean 对象的属性,有如下 4 种语法格式:

语法格式一：

```
<jsp:setProperty name="beanName"
                property="propertyName" value="string字符串"/>
```

语法格式二：

```
<jsp:setProperty name="beanName"
                property="propertyName" value="<%= expression %>" />
```

语法格式三：

```
<jsp:setProperty name="beanName"
                property="propertyName" param="parameterName"/>
```

语法格式四：

```
<jsp:setProperty name="beanName" property= "*" />
```

各属性的含义如表 3-2 所示。

表 3-2   <jsp:setProperty>各属性的含义

属 性 名 称	属 性 含 义
name	用于指定 JavaBean 对象的名称
property	用于指定 JavaBean 实例对象的属性名
value	用于指定 JavaBean 对象的某个属性的值，value 的值可以是字符串，也可以是表达式。为字符串时，该值会自动转换为 JavaBean 属性相应的类型。如果 value 的值是一个表达式，那么该表达式的计算结果必须与所要设置的 JavaBean 属性的类型一致
param	用于将 JavaBean 实例对象的某个属性值设置为一个请求参数值，该属性值同样会自动转换成要设置的 JavaBean 属性的类型

（3）<jsp:getProperty>标签

<jsp:getProperty>标签用于读取 JavaBean 对象的属性，也就是调用 JavaBean 对象的 getter()方法将读取的属性值转换成字符串后插入到输出的相应正文中。

语法格式如下：

```
<jsp:getProperty name="beanInstanceName" property="PropertyName" />
```

各属性的含义如表 3-3 所示。

表 3-3   <jsp:getProperty>各属性的含义

属 性 名 称	属 性 含 义
name	用于指定 JavaBean 实例对象的名称，其值应与<jsp:useBean>标签的 id 属性值相同
property	用于指定 JavaBean 实例对象的属性名。如果一个 JavaBean 实例对象的某个属性的值为 null，那么，使用<jsp:getProperty>标签输出该属性的结果将是一个内容为 null 的字符串

2. <jsp:forward>动作元素

在 JSP 中，<jsp:forward>标准动作用来将用户的请求以请求转发的方式跳转到其他 Web 资源，这个 Web 资源可以是一个 HTML 静态网页，也可以是 JSP 动态页面或 Servlet 请求地址。其语法如下：

```
<!--空标签形式 -->
```

```
<jsp:forward page="URL地址"/>
<!--容器标签形式通常包含一个 jsp:param 元素-->
<jsp:forward page="URL地址">
  <jsp:param name="参数名 1" value="参数值 1"/>
  <jsp:param name="参数名 2" value="参数值 2"/>
</jsp:forward>
```

各属性的含义如表 3-4 所示。

表 3-4　jsp:forward 各属性的含义

属 性 名 称	属 性 含 义
page	用来指定请求转发的目标位置，通常是一个 URL 地址
<jsp:param>	该元素作为<jsp:forward>标准动作的主体内容，用来为转发的目标资源设置请求参数，其中的 name 属性指定参数名称，value 属性指定参数值

3. <jsp:include>动作元素

在 JSP 中，<jsp:include>标准动作用来将其他 HTML、JSP 页面中的内容包含到当前页面，当浏览器请求该 JSP 页面时，就会嵌入被<jsp:include>标准动作所包含的页面内容。其语法如下：

```
<!--空标签形式 -->
<jsp:include page="URL地址" flush="true|false"/>
<!--容器标签形式 -->
<jsp:include page="URL地址" flush="true|false"/>
  <jsp:param name="参数名 1" value="参数值 1"/>
  <jsp:param name="参数名 2" value="参数值 2"/>
</jsp:include>
```

各属性的含义如表 3-5 所示。

表 3-5　jsp:include 各属性的含义

属 性 名 称	属 性 含 义
page	用来指定被包含的页面的 URL 地址
flush	用来在包含其他页面前清空存储在缓冲区中的数据
<jsp:param>	该元素作为<jsp:include>标准动作的主体内容，用来为包含的页面设置请求参数，其中的 name 属性指定参数名称，value 属性指定参数值

include 指令元素和 include 动作元素的比较：

指令执行速度相对较快，灵活性较差，而动作执行速度相对较慢，灵活性较高。include 指令元素是转换前包含，即源代码包含，最终会转化为同一个 Servlet 程序；include 动作元素是运行结果包含，运行结果会转换为两个 Servlet 程序。include 动作元素自动生成的 Servlet 及字节码程序如图 3-13 所示。

通常情况下，如果是静态页面，推荐使用 include 指令元素；如果是动态页面，则使用 include 动作元素包含页面。

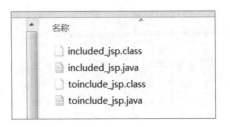

图 3-13 自动生成的 Servlet 及字节码程序

任务透析

【子任务 1】使用 jsp:useBean、jsp:getProperty、jsp:getProperty 动作元素使用 JavaBean、为 JavaBean 赋值，并获取 bean 对象的属性值。

步骤 1：创建一个简单的 JavaBean：User 类。

```java
package com.demo.bean;
public class User{
    private int id;
    private String username;
    private String sex;
    private int age;
    private String address;
    public int getId(){
        return id;
    }
    public void setId(int id){
        this.id=id;
    }
    public String getUsername(){
        return username;
    }
    public void setUsername(String username){
        this.username=username;
    }
    public String getSex(){
        return sex;
    }
    public void setSex(String sex){
        this.sex=sex;
    }
    public int getAge(){
        return age;
    }
    public void setAge(int age){
        this.age=age;
    }
    public String getAddress(){
        return address;
    }
    public void setAddress(String address){
```

```
    this.address=address;
    }
}
```

步骤 2： 创建 JSP 页面，使用 jsp:useBean 标签将 JavaBean 引入页面。

```
<body>
    <%--使用 jsp:useBean 标签将 JavaBean 引入页面 --%>
    <jsp:useBean id="user" class="com.demo.bean.User" scope="page"/>
</body>
```

步骤 3： 使用 jsp:setProperty 标签设置对象的属性值。

```
<body>
    <%--使用 jsp:useBean 标签将 JavaBean 引入页面 --%>
    <jsp:useBean id="user" class="com.demo.bean.User" scope="page" />
    <%--使用 jsp:setProperty 标签设置对象的属性值 --%>
    <jsp:setProperty property="id" name="user" value="1" />
    <jsp:setProperty property="username" name="user" value="张三" />
    <jsp:setProperty property="sex" name="user" value="男" />
    <jsp:setProperty property="age" name="user" value="24" />
    <jsp:setProperty property="address" name="user" value="浙江杭州" />
</body>
```

步骤 4： 使用 jsp:getProperty 标签获取对象的属性值。

```
<body>
    <%--使用 jsp:useBean 标签将 JavaBean 引入页面 --%>
    <jsp:useBean id="user" class="com.demo.bean.User" scope="page"/>
    <%--使用 jsp:setProperty 标签获取对象的属性值 --%>
    <jsp:setProperty property="id" name="user" value="1"/>
    <jsp:setProperty property="username" name="user" value="张三"/>
    <jsp:setProperty property="sex" name="user" value="男"/>
    <jsp:setProperty property="age" name="user" value="24"/>
    <jsp:setProperty property="address" name="user" value="广东广州"/>
    <%--使用 jsp:getProperty 标签获取对象的属性值 --%>
    编号: <jsp:getProperty property="id" name="user"/>
    姓名: <jsp:getProperty property="username" name="user"/>
    性别: <jsp:getProperty property="sex" name="user"/>
    年龄: <jsp:getProperty property="age" name="user"/>
    出生日期: <jsp:getProperty property="address" name="user"/>
</body>
```

步骤 5： 发布工程，运行页面，页面效果如图 3-14 所示。

图 3-14　页面使用 JavaBean 运行结果

步骤 6：如果 setProperty 或 getProperty 中引用的属性名写错，会出现找不到属性的错误，页面上出现错误提示 org.apache.jasper.JasperException: Cannot find any information on property [xxx] in a bean of type [com.demo.bean.User]，如图 3-15 所示。

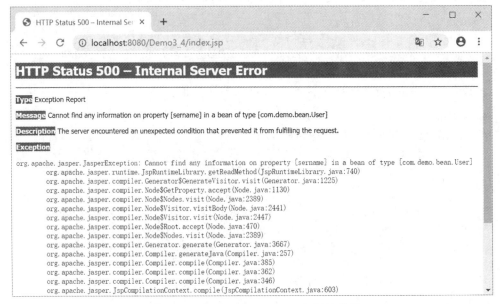

图 3-15   找不到该 JavaBean 的属性错误

【子任务 2】使用<jsp:include>动作元素将页面其他内容包含进来。

步骤 1：新建 included.jsp 文件，作为被包含的内容，该页面接受一个名为 name 的参数。

```jsp
<%@ page language="java" contentType="text/html; charset
=UTF-8"
        pageEncoding="UTF-8"%>
<!DOCTYPE html>
<html>
<head>
<meta charset="UTF-8">
<title>Insert title here</title>
</head>
<body>
    这是被包含的页面，接受一个 name 参数
    <br>
    <%
        //request 表示请求对象
        String name=request.getParameter("name"); //获取 index 页面中 name
                                      //中的值
        out.println("<br/>"+name); //<br/>表示在页面中换行
    %>
    </body>
</html>
```

说明：被包含的文件中最好不要使用 HTML 结构标签，否则可能会导致包含页面的标签的使用错误。

步骤 2：新建 toinclude.jsp 文件，作为主界面，使用 jsp:param 为被包含页面 include.jsp 传递参数。

```
<%@ page language="java" contentType="text/html; charset=UTF-8"
    pageEncoding="UTF-8"%>
<!DOCTYPE html>
<html>
<head>
<meta charset="UTF-8">
<title>Insert title here</title>
</head>
<body>
    <h1>包含页面</h1>
    <jsp:include page="included.jsp" flush="true">
    <jsp:param value="Tom" name="name"/>
    </jsp:include>
</body>
</html>
```

步骤 3：发布工程，运行 toinclude.jsp 页面，运行结果如图 3-16 所示。

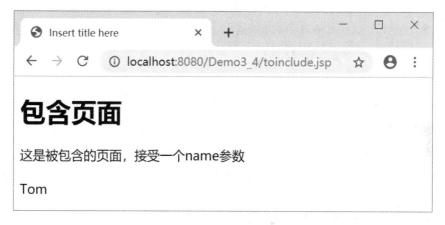

图 3-16 使用<jsp:include>动作元素运行结果

【子任务 3】使用<jsp:forward>动作元素转发用户请求

步骤 1：建立 forwardfrom.jsp 页面，其中包含一个 jsp:forward 标签，转发到 forwardto.jsp 页面。

扫一扫

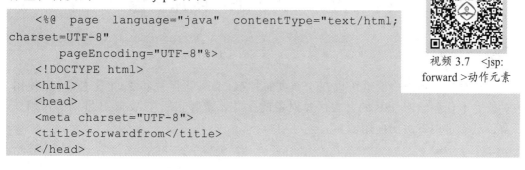

视频 3.7 <jsp:forward >动作元素

```
<%@ page language="java" contentType="text/html;
charset=UTF-8"
    pageEncoding="UTF-8"%>
<!DOCTYPE html>
<html>
<head>
<meta charset="UTF-8">
<title>forwardfrom</title>
</head>
```

```
<body>
    <jsp:forward page="forwardto.jsp"></jsp:forward><br>
</body>
</html>
```

步骤 2：建立 forwardto.jsp 页面。

```
<%@ page language="java" contentType="text/html; charset=UTF-8"
    pageEncoding="UTF-8"%>
<!DOCTYPE html>
<html>
<head>
<meta charset="UTF-8">
<title>forwardto</title>
</head>
<body>
    由 forwardfrom.jsp 页面转发过来
</body>
</html>
```

步骤 3：发布工程，运行 forwardfrom.jsp，将跳转至 forwardto.jsp 页面，运行结果如图 3-17 所示。

图 3-17　使用<jsp:forward>动作元素运行结果

课堂提问

① JSP 动作元素有哪几种，各自的作用和意义是什么？

② JavaBean 是什么？JavaBean 的开发规范有哪些？JavaBean 的使用对 JSP 开发有什么意义？

③ 如何将一个 JavaBean 引入到页面上使用？

④ include 指令元素和 Include 动作元素有什么区别和联系？

⑤ 如何使用 forward 指令元素跳转到另一个页面？

任务五　应用 JSP 内建对象

任务描述

内建对象指不加声明就可以在 JSP 页面脚本（Java 程序片和 Java 表达式）中使用的对象。本任务学习 JSP 的九大内建对象的含义，掌握它们在 Web 开发中的作用，以及各对象常用方法的使用。

必备知识

在 JSP 动态页面开发中，时常需要使用到一些对象，如 HttpSession、Request、Response 等，如果都通过 JSP 脚本去编写代码，通过实例化类来获得这些对象，代码会非常烦琐。为解决这一问题，JSP 提供了九大内建对象，将常用的这些 Web 容器中的对象预先实例化，无须通过 new 关键字手动创建实例。内建对象的名称是 JSP 的保留字，JSP 可以直接使用内建对象访问网页的动态内容。表 3-6 列出了 JSP 中的 9 个内建对象各自对应的 Java 类型及作用域。

表 3-6　JSP 九大内建对象

内建对象名称	Java 类型	作用域
out	javax.servlet.jsp.JspWriter	page
request	javax.servlet.http.HttpServletRequest	request
response	javax.servlet.http.HttpServletResponse	page
pageContext	javax.servlet.jsp.PageContext	page
session	javax.servlet.http.HttpSession	session
application	javax.servlet.ServletContext	application
page	java.lang.Object	page
config	javax.servlet.ServletConfig	page
exception	java.lang.Throwable	page

根据内建对象的功能，可以将 JSP 中的 9 个内建对象分为以下 4 种类型，如图 3-18 所示。

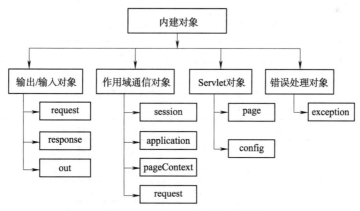

图 3-18　JSP 内建对象的分类

① 提供 Input/Output（输入/输出）功能的内建对象：out、request、response，这些对象用来控制页面内容的输入/输出。

② 提供作用域通信功能的内建对象：pageContext、request、session、application，这些对象用来检索与 JSP 页面对应的 Servlet 相关信息。

③ 与 Servlet 有关的内建对象：page、config，这些对象提供有关页面环境的信息。通过这两个对象可以访问 JSP 页面生成的 Servlet 实例的所有信息，因为实际开发中

很少使用 page、config 对象，所以只需要简单了解一下这两个对象即可。

④ 提供错误处理的内建对象：exception，该对象存在于错误处理页面，用来获取出错时的异常信息。

1. out 对象

out 对象在 JSP 页面中表示输出流, out 对象是 javax.servlet.jsp.JspWriter 类的实例，实际上 Web 容器最终就是通过 JspWriter 类向客户端浏览器输出数据。图 3-19 说明了 out 对象的作用。

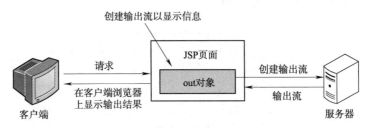

图 3-19　out 对象的作用

其实在前面的示例中已多次使用了 out 对象，例如下面的代码：

```
out.println ("HelloWorld");
```

可以看到，在使用 out 对象前并没有通过 new 关键字创建 out 对象，而是直接使用它的 println() 方法就能在页面中输出"HelloWorld"信息。这是 JSP 内建对象的一贯使用方式，即直接调用其方法以获得相应处理功能。

表 3-7 列出了 out 对象常用方法及其含义，当然最常用的方法是 print()、println()、write() 方法，这 3 个方法都是用来在页面中输出信息的。

表 3-7　out 对象常用方法及其含义

方 法 名	含 义
print()	用来输出信息
println()	用来输出信息，与 print() 方法所不同的是，println() 方法在输出信息之后会多输出一个空格
write()	用来输出信息，与 print() 方法的输出效果一样
clear()	用来清除缓冲区中的数据，不会输出任何信息
flush()	用来清除缓冲区中的数据，并把清除的缓冲区中的数据输出到客户端
close()	用来关闭输出流，一旦输出流被关闭将不能再往页面中输出任何信息
getBufferSize()	获得页面缓冲区的大小，该大小跟 page 指令中的 buffer 属性值一致

2. request 对象

在 JSP 中，request 内建对象表示客户端对页面的请求，包含了所有的请求信息，例如，请求的来源、用户请求所提交的数据等。request 对象实际上是一个 javax.servlet.http.HttpServletRequest 接口对象，它使用 HTTP 协议处理客户端的请求，在 JSP 中直接使用 request 对象中的方法就能获取用户请求时所提交的数据。图 3-20 说明了 request 对象的作用。

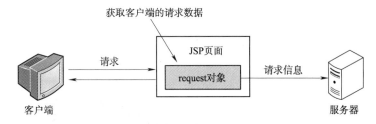

图 3-20　request 对象的作用

表 3-8 列出了 request 对象常用方法及其含义。

表 3-8　request 对象常用方法及其含义

方　法　名	含　　义
getParameter()	用来获取客户端所传递的请求参数，通常是根据页面表单组件名称来获取请求页面提交的数据
setAttribute()	用来设置属性，以键/值对的方式，将一个对象的值存放到 request 对象中
getAttribute()	用来获得属性，根据键/值对中的键获取 request 中所存放的对象值
getParameterValues()	用来获取页面请求中一个表单组件对应多个值（如复选框、下拉列表组件）时的用户的请求数据
getParameterNames()	用来获取客户端提交的所有参数的名称，其返回值是一个枚举类型的对象
setCharacterEncoding()	设置请求信息的字符编码，若要支持中文，一般将其设置为 gbk
getMethod()	用来获得 request 请求的提交方式，其结果不是 GET 方式，就是 POST 方式
getRequestURI()	用来获得发送请求的客户端的 URI 标识
getRemoteAddr()	用来获得客户端的 IP 地址
getRemoteHost()	用来获得客户端的主机名称，如果得不到主机名称则得到其 IP 地址

在 JSP 中 request 对象既属于输入/输出内建对象，又属于作用域通信内建对象。request 对象的作用域是在请求范围内有效，即通常所说的请求域，通常用于在请求范围中存取数据。request 作为作用域通信内建对象最常用的方法及其含义如表 3-9 所示，其用法与 Servlet 中使用 javax.servlet.http.HttpServletRequest 对象的用法一致，此处不再详述，读者可参考单元二中任务六部分。

表 3-9　request 对象中的作用域通信方法及其含义

方　法　名	含　　义
setAttribute(String name,Object attribute)	设置属性，以键/值对的方式将一个对象的值存放到 request 对象中
getAttribute(String name)	获得属性，根据键/值对中的键获取 request 中所存放的对象值
removeAttribute(String name)	删除属性，根据键/值对中的键删除 request 中所存放的对象值

3. response 对象

与 request 请求对象相对应的就是 response 响应对象。response 内建对象用来处理 JSP 生成的响应信息，最后将响应结果发送给客户端浏览器。response 对象实际上是一个 javax.servlet.http.HttpServletResponse 接口对象，它通过 HTTP 协议将响应结果发送给客户端。图 3-21 说明了 response 对象的作用。

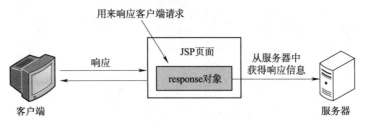

图 3-21 response 对象的作用

表 3-10 列出了 response 对象常用方法及其含义。

表 3-10 response 对象常用方法及其含义

方 法 名	含 义
setContentType()	设置作为响应生成的内容类型及字符编码，若要支持中文，一般将其设置为："text/html;charset=gbk"
sendRedirect ()	发送一个响应给浏览器，以重定向的方式将页面跳转到另外一个页面
getContentType()	获取作为响应生成的内容类型及字符编码

4. session 对象

在 JSP 中 session 内建对象是作用域通信对象，主要用来存储有关用户会话的所有信息，session 对象实际上是 javax.servlet.http.HttpSession 接口的实例，读者可参考单元二中任务六的内容。

从一个客户打开浏览器并连接到服务器开始，到客户关闭浏览器离开这个服务器结束称为一个会话。session 对象在第一个 JSP 页面被装载时自动创建，对会话过程进行管理，通过 session 对象可以识别每个用户，从而能够保存并跟踪用户的会话信息。

session 的工作原理如下：

客户首次访问服务器的一个页面时，服务器会为该用户分配一个 session 对象，同时为这个 session 指定唯一的 ID，并且将该 ID 发送到客户端并写入到 cookie 中，使得客户端与服务器的 session 建立一一对应的关系。当客户端继续访问服务器端的其他资源时，服务器不再为该客户分配新的 session 对象，直到客户端浏览器关闭、超时或调用 session 的 invalidate()方法使其失效，此时，客户端与服务器的会话结束。当客户重新打开浏览器访问网站时，服务器会重新为客户分配一个 session 对象，并重新分配 sessionID，重新开始新一轮会话。

因此，对于 session 中所设置的属性，在整个会话过程中一直得到保持，一旦在某个页面中设置了属性，则不管以什么跳转方式到达其他页面，都可以获取该属性。也就是说，当用户在操作某个页面时设置了会话范围（sessionScope）的属性，在用户关闭浏览器之前，不管该用户到达什么页面都可以获取 session 中的属性。表 3-11 列出了作用域通信中 session 对象常用方法及其含义。

表 3-11 session 对象中的作用域通信常用方法及其含义

方 法 名	含 义
setAttribute(String name,Object attribute)	设置属性,以键/值对的方式将一个对象的值存放到 session 对象中
getAttribute(String name)	获得属性,根据键/值对中的键来获取 session 中所存放的对象值
removeAttribute(String name)	删除属性,根据键/值对中的键来删除 session 中所存放的对象值
getId()	获得 session 对象的 ID 号,每个客户端与服务器之间进行对话的 ID 号是不相同的,服务器就是通过这个 ID 号区分不同的用户
setMaxInactiveInterval(int interval)	设置 session 对象的生存时间,参数 interval 用来指定生存时间,单位是秒
getMaxInactiveInterval()	获得 session 对象的生存时间,返回一个整型值,单位是秒,对象生存的时间默认为 1 800 s
invalidate()	调用该方法将使 session 对象失效
isNew()	该方法用来判断当前用户是不是一个新用户,当返回值为 true 时表示该用户是一个新用户,否则为旧用户

5. application 对象

在 JSP 中,application 对象的作用范围比 session 更大,它不但能在同一用户中共享数据,还能在整个应用程序中共享数据,也就是说在所有用户之间都可以通过 application 对象共享数据。它从服务器启动开始就存在,直到服务器关闭 application 对象所保存的数据才消失,这就是所说的应用范围。application 对象实际上是 javax.servlet.ServletContext 接口实例,读者可参考单元二中任务六的内容。

application 实例存在于服务器端,它的属性一旦被设置,则所有的用户都可以获取该属性,如果想要释放 application 资源,只能通过重新启动服务器来实现。在实际的开发中,application 对象主要用来完成"在线人数统计、在线人员名单列表、聊天室"等需要在用户之间共享数据的功能。表 3-12 列出了作用域通信中 application 对象的常用方法及其含义。

表 3-12 application 对象中的作用域通信常用方法及其含义

方 法 名	含 义
setAttribute(String name , Object attribute)	设置属性,以键/值对的方式将一个对象的值存放到 application 对象中
getAttribute(String name)	获得属性,根据键/值对中的键来获取 application 中所存放的对象值
removeAttribute(String name)	删除属性,根据键/值对中的键来删除 application 中所存放的对象值

注意:

application、session、request 三个对象都可以在页面之间共享数据,虽然共享的时间、范围不同,但是不管保存哪种类型的属性,都会有一定的内存开销。假如用户在开发中设置了过多的 application 属性或在 session 对象中保存了过多的属性,其整个系统的性能都会降低,所以原则上来说,如果能使用 request 属性的地方就不要使用 session 属性,能使用 session 属性的地方就不要使用 application 属性,这将会节省计算机的内存开销。

6. pageContext 对象

在 JSP 中，pageContext 对象可以获得其他 8 个内建对象。pageContext 对象就是 javax.servlet.jsp.PageContext 类的实例，代表了当前 JSP 页面的运行环境，它的作用域是在当前页面，即通常所说的页面范围。pageContext 对象提供了一系列用于获取其他内建对象的方法，获得其他内建对象的方法及含义如表 3-13 所示。

表 3-13　pageContext 获得其他内建对象的方法及其含义

方法名称	含义
JspWriter getOut()	返回当前客户端响应被使用的 JspWriter 流（out）
HttpSession getSession()	返回当前页的 HttpSession 对象（session）
Object getPage()	返回当前页的 Object 对象（page）
ServletRequest getRequest()	返回当前页的 ServletRequest 对象（request）
ServletResponse getResponse()	返回当前页的 ServletResponse 对象（response）
Exception getException()	返回当前页的 Exception 对象（exception）
ServletConfig getServletConfig()	返回当前页的 ServletConfig 对象（config）
ServletContext getServletContext()	返回当前页的 ServletContext 对象（application）

pageContext 对象可以进行不同作用域的数据存储，数据存储是通过操作属性的方式实现的。表 3-14 列出了一系列属性操作的方法及其含义。

表 3-14　pageContext 对象中的方法及其含义

方法名	含义
setAttribute(String name, Object attribute)	设置属性，以键/值对的方式将一个对象的值存放到 pageContext 对象中
setAttribute(String name, Object attribute,int scope)	在指定范围内设置属性，1 表示 pageScope（页面范围）；2 表示 requestScope（请求范围）；3 表示 sessionScope（会话范围）；4 表示 applicationScope（应用范围）
getAttribute(String name)	获得属性，根据键/值对中的键来获取 pageContext 中所存放的对象值
getAttribute(String name,int scope)	在指定范围内获得属性，根据键/值对中的键以及范围来获取 pageContext 中所存放的对象值；1、2、3、4 分别表示页面范围、请求范围、会话范围、应用范围
removeAttribute(String name)	删除属性，根据键/值对中的键来删除 pageContext 中所存放的对象值
removeAttribute(String name, int scope)	删除属性，根据键/值对中的键以及范围来删除 pageContext 中所存放的对象值；1、2、3、4 分别表示页面范围、请求范围、会话范围、应用范围

7. exception 对象

通过前面的学习已经知道，JSP 页面一定会转译成 Servlet 类，所以运行时真正起作用的是转译之后的 Servlet 类。根据这个原理，不难得出，JSP 页面的错误可能发生在两个时间：一个是 JSP 转译成 Servlet 类时，因为 JSP 语法错误而导致无法生成 Servlet 代码，或已转换为 Servlet 程序代码，但编译时编译器检查出错误，称为转译时错误；第二个错误发生的时期在于客户请求执行 Servlet 代码时，因为程序逻辑或运行时未考虑到的错误而产生异常，称为请求运行时错误。

在 JSP 中，错误处理内建对象只有 exception 一个对象，如果当前页面采用 page 指令的 isError 属性，设置为一个错误处理页面，可以利用 exception 对象处理页面执行过程中所引发的异常。代码如下：

```
<%@page language="java" import="java.util.*" pageEncoding="utf-8"
isErrorPage="true"%>
<!DOCTYPE HTML PUBLIC "-//W3C//DTD HTML 4.01 Transitional//EN">
<html>
<head>
    <title>错误处理页面</title>
</head>
<body>
<h1>除零错误</h1>
    <%
        //输出异常类名
        out.println(exception);
        //换行
        out.println("<br/>");
        //输出异常堆栈跟踪详细信息
        exception.printStackTrace(new PrintWriter(out));
    %>
</body>
</html>
```

读者也可参考本单元的任务三，page 指令的 isError 属性。

8. config 对象

JSP 内建对象 config 是 javax.servlet.ServletConfig 类的实例。ServletConfig 封装了在 web.xml 中配置的初始化参数；在 JSP 中可以通过 config 获取这些参数值。这个过程分为两步：首先，需要将 JSP 页面在 web.xml 中配置为 Servlet，为这个 Servlet 配置初始化参数；然后在 JSP 页面上使用 config 内建对象将这些参数读取出来。

config 对象常用方法（即 ServletConfig 接口中定义的方法）及其含义如表 3-15 所示。

表 3-15　config 对象常用方法及其含义

方 法 名	含 义
getInitParameter(Stringname)	根据给定的初始化参数，返回匹配的初始化参数值
getInitParameterNames()	返回一个 Enumeration 对象，该对象包含了所有存放在 web.xml 中<web-app>元素<servlet>子元素<init-param>中所有的初始化参数名
getServletContext()	返回一个 servletContext()对象
getServltName()	返回 Servlet 的名字，即 web.xml 中相对应的 Servlet 子元素<servlet-name>的值。如果没有配置这个子元素，则返回 Servlet 类的全局限定名

由于 config 主要用来读取 web.xml 中配置的页面初始化参数，然而一般不会在 web.xml 中对 JSP 页面进行配置，所以在 JSP 页面中，很少使用 config 对象，此处不再举例。

更多的时候，都是在 Servlet 程序中读取配置数据，完成业务逻辑。下面介绍如何在 Servlet 中使用 config。

① 在 web.xml 中配置 Servlet，并配置初始化参数。

```xml
<servlet>
  <servlet-name>InitParameterDemo</servlet-name>
<servlet-class>com.demo.servlet.InitParameterDemo</servlet-class>
  <init-param>
    <param-name>name</param-name>
    <param-value>tom</param-value>
  </init-param>
  <init-param>
    <param-name>password</param-name>
    <param-value>123</param-value>
  </init-param>
</servlet>
<servlet-mapping>
  <servlet-name>InitParameterDemo</servlet-name>
  <url-pattern>InitParameterDemo</url-pattern>
</servlet-mapping>
```

② 编写 Servlet，得到初始化参数值。

```java
public class InitParameterDemo extends HttpServlet{
    public void doGet(HttpServletRequest request, HttpServletResponse
response)throws ServletException, IOException{
      PrintWriter out=response.getWriter();
      ServletConfig conf=getServletConfig();
      out.println(conf.getInitParameter("name"));
      out.println(conf.getInitParameter("ContextParam"));
    }
    public void doPost(HttpServletRequest request, HttpServletResponse
response)throws ServletException, IOException{
      doGet(request,response);
    }
}
```

Servlet 中没有内置的 config 对象，需要调用 getServletConfig() 函数获得 ServletConfig 对象，之后就可以调用 getInitParameter() 函数获得初始化参数值。

9. page 对象

扫一扫

视频 3.8 request、
response、out 内建对象

page 内建对象代表 JSP 网页本身，page 对象是当前页面转换后的 Servlet 类的实例。从转换后的 Servlet 类的代码中可以看到这种关系：Object page=this;在 JSP 页面中，很少使用 page 对象，对此本书不予详述。

任务透析

【子任务 1】使用 request、response 及 out 对象。

步骤 1：编写注册页面 register.jsp，编写注册表单。

```jsp
<%@ page language="java" contentType="text/html; charset=UTF-8"
pageEncoding="UTF-8"%>
<!DOCTYPE html>
<html>
```

```
<head>
<meta charset="UTF-8">
<title>用户注册</title>
</head>
<body>
    <h2>用户注册</h2>
    <form action="getinfo.jsp" method="post">
    用户名: <input type="text" name="username"><br> 密码: <input
        type="text" name="password"><br> 年龄: <input type="text"
        name="age"><br> 地址: <input type="text" name="address"><br>
    <input type="submit" value="提交" />
</form>
</body>
</html>
```

步骤 2: 编写接收注册信息页面 getinfo.jsp, 将接收页面信息, 并将注册信息输出。

```
<%@ page language="java" contentType="text/html; charset=UTF-8"
pageEncoding="UTF-8"%>
<!DOCTYPE html>
<html>
<head>
<meta charset="UTF-8">
<title>注册信息</title>
</head>
<body>
    <h2>用户注册信息</h2>
    <%
        /* 使用 out 内建对象, 向客户端输出字符串 */
        out.print("用户名: "+request.getParameter("username"));
        out.print("<br>");
        out.print("密码: "+request.getParameter("password"));
    %>
    <br> 年龄: <%=request.getParameter("age")%><br> 地址:
<%=request.getParameter("address")%>
</body>
</html>
```

步骤 3: 发布工程, 运行 register.jsp, 单击"提交"按钮, 跳转到 getinfo.jsp 页面, 因为没有设置请求和响应对象的编码方式, 得到的表单提交结果为乱码, 如图 3-22 所示。

（a）注册页面　　　　　　　　（b）运行结果, 表单提交乱码

图 3-22　没有设置请求和响应对象的编码方式的运行结果

步骤 4：解决页面的乱码问题，在页面上使用脚本元素，将 request 和 response 对象的编码都设置为 utf-8。

```
<%@page language="java" import="java.util.*" pageEncoding="utf-8"%>
<%
    String path=request.getContextPath();
    String basePath=request.getScheme()+"://"+request.getServerName()+":"+
request.getServerPort()+path+"/";
%>
<!DOCTYPE HTML PUBLIC "-//W3C//DTD HTML 4.01 Transitional//EN">
<html>
<head>
<title>注册信息</title>
<%
    /* 使用 reuqest 内建对象，将 request 对象的编码格式设置为 utf-8 */
    request.setCharacterEncoding("utf-8");
    /* 使用 response 内建对象，将 response 对象的编码格式设置为 utf-8 */
    response.setContentType("text/html;charset=utf-8");
%>
</head>
<body>
    <h2>用户注册信息</h2>
    <%
    /* 使用 out 内建对象，向客户端输出字符串 */
    out.print("用户名: "+request.getParameter("username"));
    out.print("<br>");
    out.print("密码: "+request.getParameter("password"));
    %>
    <br>
    年龄: <%=request.getParameter("age") %><br>
    地址: <%=request.getParameter("address") %>
</body>
</html>
```

刷新页面，再次提交运行结果，如图 3-23 所示。

图 3-23　修正乱码问题后显示效果

扫一扫

视频 3.9 pageContext、
request、session 和
appplicatiton 内建对象

【子任务 2】使用 pageContext、request、session 和 appplicatiton 对象。

步骤 1：建立 Web 工程，新建 TestScopeServlet，分别向 request、session 和 application 作用域中存入数据，跳转到 testscope.jsp 页面。

```
package com.demo.servlet;
import java.io.IOException;
import java.io.PrintWriter;
import javax.servlet.ServletException;
import javax.servlet.http.HttpServlet;
import javax.servlet.http.HttpServletRequest;
import javax.servlet.http.HttpServletResponse;
public class TestScopeServlet extends HttpServlet{
    public void doGet(HttpServletRequest request, HttpServletResponse
response)throws ServletException, IOException{
        doPost(request,response);
    }
    public void doPost(HttpServletRequest request, HttpServletResponse
response)throws ServletException, IOException{
        request.setAttribute("Request_Value","共享到request域中的数据");
        request.getSession().setAttribute("Session_Value","共享到 session
域中的数据");
        this.getServletContext().setAttribute("Application_Value"," 共享
到 application 域中的数据");
        request.getRequestDispatcher("/showattribute.jsp").forward(request,
response);
    }
}
```

步骤 2：建立 showattribute.jsp 页面。

① 直接采用内建对象 request、session 和 application 获得共享数据。

② 使用 pageContext 内建对象取出 request、session、application 对象，得到共享的数据。

③ 直接使用 pageContext 对象获得指定范围名称的属性

```
<%@page language="java" import="java.util.*" pageEncoding="utf-8"%>
<!DOCTYPE HTML PUBLIC "-//W3C//DTD HTML 4.01 Transitional//EN">
<html>
<body>
    <h2>使用三个内建对象取出数据: </h2>
        request 对象中的数据: <%=request.getAttribute("Request_Value")%><br>
        session 对象中的数据: <%=session.getAttribute("Session_Value")%><br>
        application 对象中的数据: <%=application.getAttribute("Application_
Value")%><br>
    <h2>使用 pageContext 内建对象取出 request、session、application 对象: </h2>
        request 对象中的数据: <%=pageContext.getRequest().getAttribute ("Request
Value") %><br>
        session 对象中的数据: <%=pageContext.getSession().getAttribute ("Session
Value") %><br>
        application 对象中的数据: <%=pageContext.getServletContext().getAttribute
("Application_Value") %><br>

    <h2>直接使用 pageContext 对象获得指定范围名称的属性: </h2>
        request 对象中的数据: <%=pageContext.getAttribute("Request_Value",
pageContext.REQUEST_SCOPE) %><br>
```

```
        session 对象中的数据: <%=pageContext.getAttribute("Session_Value",
pageContext.SESSION_SCOPE) %><br>
        application 对象中的数据: <%=pageContext.getAttribute("Application_
Value", pageContext.APPLICATION_SCOPE) %><br>
    </body>
    </html>
```

步骤 3：发布工程，运行 TestScopeServlet，跳转到 showattribute.jsp 页面，运行结果如图 3-24 所示。

图 3-24　运行 Servlet 结果，取到 3 个数据

步骤 4：不关闭当前浏览器，新打开一个窗口，输入 showattribute.jsp 的 URL，观察得到的结果，如图 3-25 所示。

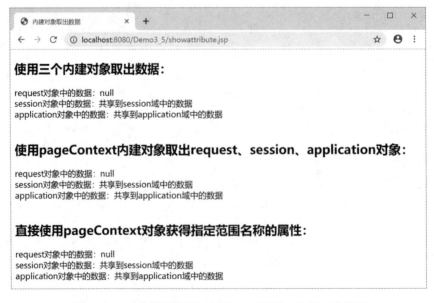

图 3-25　不关闭浏览器，运行 JSP 页面，取到 2 个数据

步骤 5：关闭当前浏览器，再次打开浏览器输入 showattribute.jsp 的 URL，观察得到的结果，如图 3-26 所示。

图 3-26　关闭浏览器，运行 JSP 页面，取到 1 个数据

步骤 6：重启服务器，再次打开浏览器输入 showattribute.jsp 的 URL，观察得到的结果，如图 3-27 所示。

图 3-27　重启服务器，运行 JSP 页面，取到 0 个数据

课堂提问

① 为什么要使用 JSP 内建对象，应用内建对象有什么好处？

② JSP 内建对象有哪 9 个，各自的作用和意义是什么？

③ 提供作用域通信功能的内建对象有哪几个，域中对象的生命周期各是什么？

④ 提供输入/输出的内建对象有哪些，读取表单提交的参数需要用到哪个内建对象？

⑤ 常用的内建对象有哪些，它们对应了哪些类？

单元小结

JSP 技术是以 Java 语言作为脚本语言的，JSP 网页为整个服务器端的 Java 库单元提供了一个接口来服务于 HTTP 的应用程序。JSP 文件扩展名为 .jsp，一个 JSP 页面由元素和模板数据组成。元素是必须由 JSP 容器处理的部分，而模板数据是 JSP 容器不处理的部分。在 JSP 2.0 规范中，元素有 3 种类型：指令元素、脚本元素和动作元素，本单元对这几种元素进行了深入探讨。在本单元中，还重点介绍了 JSP 的九大内建对象，内建对象无须定义就可以直接在 JSP 页面使用，内建对象的使用大大简化了 JSP 页面上数据的访问和显示。JSP 技术是 Java Web 编程的重要组成部分，读者须认真学习和掌握。

思考练习

一、选择题

1. 在 JSP 中，如果要定义一个方法，需要用到以下（　　）语法。
   A. <%=　%>　　　B. <!-- -->　　　C. <%!　%>　　　D. <　/>

2. 用下列（　　）指令元素可以引入页面所需的包或类。
   A. extends　　　B. import　　　C. page　　　D. taglib

3. 设置当前页面为错误处理页面，下列语法正确的是（　　）。
   A. <%@ isErrorPage="true"%>　　　B. <%@ ErrorPage="true"%>
   C. <%@ isErrorPage="false"%>　　　D. <%@ isError="true"%>

4. 以下不是 JSP 内建对象的是（　　）。
   A. request　　　　　　　　　　B. cookie
   C. out　　　　　　　　　　　　D. application

5. 以下不是 JSP 动作元素的是（　　）。
   A. <jsp:useBean>　　　　　　　B. <jsp:setProperty>
   C. <jsp:getProperty>　　　　　　D. <jsp:redirect>

6. 以下（　　）对象提供了将共享数据放入会话中的共享数据方式。
   A. request　　　B. session　　　C. application　　　D. out

7. 利用 request 对象的（　　）方法，能获得客户端的表单信息。
   A. getParameter　　　　　　　B. get
   C. getAttribute　　　　　　　　D. getConfig

8. response 对象对应了 Java 中的（　　）类。
   A. HttpServletResponse　　　　B. HttpServletRequest
   C. Request　　　　　　　　　　D. Response

9. response 对象的（　　）方法返回用于格式化文本应答的打印程序（即向客户端输出字符的一个对象）。

　　A. out　　　　　　　　　　　　　B. getWriter

　　C. getResponse　　　　　　　　　D. getValue

10. JSP 的（　　　）指令允许页面使用者自定义标签库。

　　A. Include　　　　　　　　　　　B. Taglib

　　C. Page　　　　　　　　　　　　D. Plugin

二、填空题

1. JSP 内建对象中，和请求相关的是_____对象，和响应相关的是_____对象。

2. 为了向客户端正确地输出中文，需要调用 response 对象的_____方法。

3. JSP 有如下九大内建对象：_____。

4. _____对象是 JSP 中一个很重要的内建对象，使用它来保存某个特定客户端一次访问（会话级别）的一些特定信息。

5. response 对象的 sendRedirect 方法的功能是_____。

6. JSP 页面的基本构成元素中，_____、_____和_____称为 JSP 脚本元素。

7. JSP 页面中，输出型注释的内容写在_____和_____之间。

8. JSP 的 Page 编译指令的属性 Language 的默认值是_____。

9. 在 JSP 中为内建对象定义了 4 种作用范围，即_____、_____、_____和_____。

文件上传和下载 ‹‹‹

文件的上传和下载在 Web 开发中经常用到，是大多数网站需要提供的功能，比如用户头像图片的上传、商品图片的上传、附件的上传和下载等。

本单元包括以下几个任务：

● 上传文件

● 下载文件

任务一 上 传 文 件

必备知识

1. 文件上传原理

文件上传的本质就是将客户端一个文件夹中的本地文件上传到网站服务器的某个文件夹中。大多数所需上传的文件是通过表单提交给服务器的，提交的文件数据封装在 http 请求消息中。服务器端获得请求数据，从请求对象中读取到上传文件的二进制内容，并用输出流写出到服务器文件系统或者数据库中。

实现 Web 开发中的文件上传功能，需完成如下两步操作：

① 在 Web 页面表单中，添加上传输入项。

② 在 Servlet 中读取上传文件的数据，并保存到本地硬盘中。

上传表单代码如下：

```
<form action="UploadFile" method="post"enctype="multipart/ form-data">
    <input type="file" name="file1" id="file1"/>
    <input type="file" name="file2" id="file2"/>
    <input type="submit" value="上传" />
</form>
```

如上面代码所示，在上传页面中，form 表单中需要使用<input type='file' name='filename'/>选择要上传的文件，表单提交方式需设置为 post 方法，表单数据编码方式 enctype 需要设置为 "multipart/form-data"。默认情况下，表单数据会编码为 "application/x-www –form-urlencoded"，这是一个默认值，即在表单发送到服务器之前，所有字符都会进行编码（空格转换为 "+" 号，特殊符号转换为 ASCII HEX 值）。为使浏览器通过表单提交上传文件，必须将表单的 enctype 类型修改为 multipart/form-data，表示不对字符编码，并以 post 方法提交请求。

form 表单 enctype 属性说明如表 4-1 所示。

表 4-1   form 表单 enctype 属性

值	描　　述
application/x-www-form-urlencoded	在发送前编码所有字符（默认）
multipart/form-data	不对字符编码。在使用包含文件上传控件的表单时，必须使用该值
text/plain	空格转换为"+"号，但不对特殊字符编码

Request 对象提供了一个 getInputStream()方法，通过这个方法可以读取到客户端提交过来的数据。但由于用户可能会同时上传多个文件，在 Servlet 端编程直接读取上传数据，并分别解析出相应的文件数据是一项非常麻烦的工作。Apache 开源组织提供了一个文件上传的组件 Commons-FileUpload，该组件可以方便地将 multipart/form- data 类型的请求中的数据解析出来，大大简化了文件上传的工作。此外，Commons- FileUpload 还提供了多文件同时上传、限制上传文件大小等功能，使用起来非常方便。

2. 使用 Commons-FileUpload 组件实现文件上传

要使用 Commons-FileUpload，需要在项目中添加相关的 jar 包，可以在其官网进行下载，地址为 http://commons.apache.org/proper/commons-fileupload/，如图 4-1 所示。

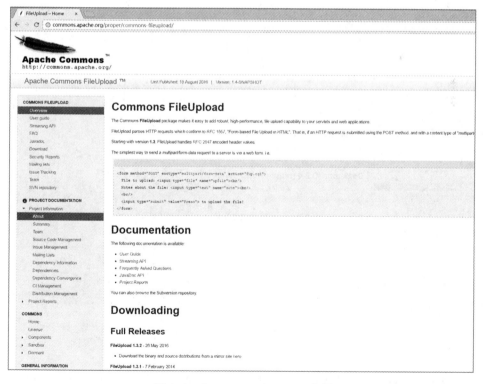

图 4-1   Commons-Fileupload 官网

单击下载链接，进入下载地址，如图 4-2 所示。

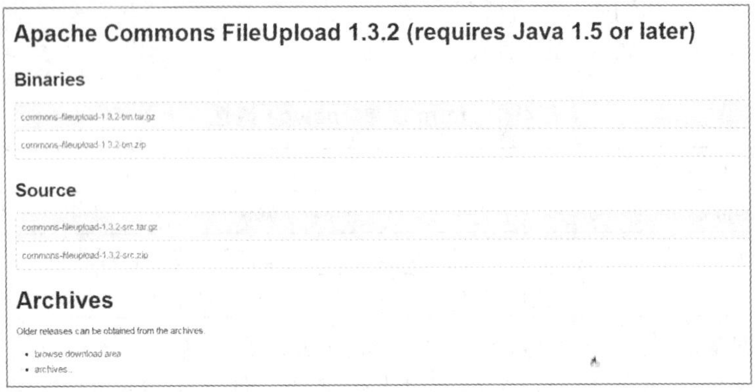

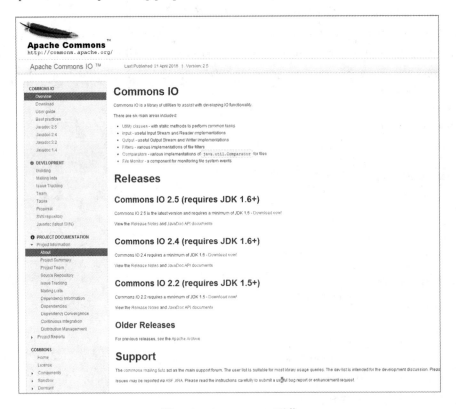

图 4-2　Commons-FileUpload 下载

选择 commons-fileupload-1.3.2-bin.zip 链接进行下载，下载完成后解压缩文件，其中，commons-fileupload-1.3.2.jar 为所需要添加到工程中的 jar 包。

由于 common-fileupload 是依赖于 common-io.jar 包的，所以还需要下载此包，地址为 http://commons.apache.org/proper/commons-io/，如图 4-3 所示。

图 4-3　Commons-io 下载

Commons-io 包是 java.io 包的扩展，提供了一些实用工具类（如 IOUtils、FileUtils、FilenameUtils、FileSystemUtils 等）。FileUtils 类提供了一些操作文件对象的实用方法，

包含读取、写入、复制和比较文件。与这两个工具相关的其他内容在此不再详述，读者可参考 javadocs 下载 commons-fileupload-1.3.2.jar 和 commons-io-2.5.jar 包后，将两个包分别放入工程的 lib 目录下，如图 4-4 所示。

3. 文件上传的重要类和方法

commons-fileupload 包中包含了很多类和接口，对于使用该组件编写文件上传功能的 Java Web 开发人员来说，只需要重点了解和使用如下 4 个类：DiskFileItemFactory、ServletFileUpload、FileItem 和 FileUploadException 即可。

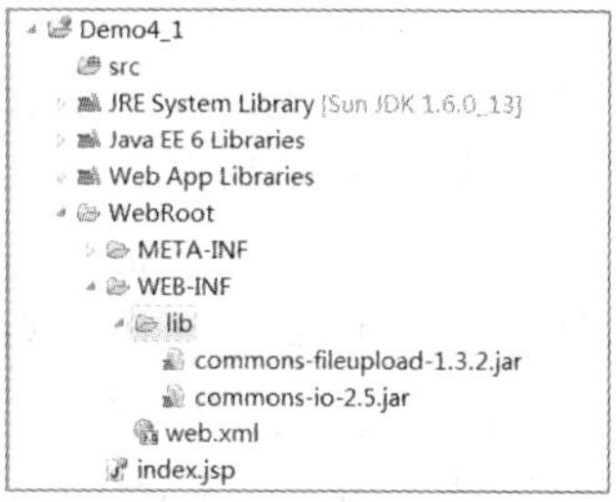

（1）DiskFileItemFactory 类

DiskFileItemFactory 是创建 FileItem 对象的工厂，

图 4-4　将文件上传所需 jar 包
复制到工程 lib 目录中

它将请求消息实体中的每个文件封装成单独的 FileItem 对象，DiskFileItemFactory 可以设置缓冲区大小和临时文件目录。如果上传的文件比较小，则直接将上传缓冲区设置到内存中；如果上传的文件比较大，则会以临时文件的形式，保存在磁盘上。

DiskFileItemFactory 工厂类常用方法及其含义如表 4-2 所示。

表 4-2　DiskFileItemFactory 类常用方法及其含义

方 法 名 称	含　　义
public DiskFileItemFactory()	构造函数，默认的缓冲区和默认的临时文件位置，或在后续的方法中继续设置
public DiskFileItemFactory(int sizeThreshold, java.io.File repository)	构造函数，设置内存缓冲区的大小，以及临时缓存上传文件的位置
public void setSizeThreshold(int sizeThreshold)	设置内存缓冲区的大小，默认值为 10 KB。当上传文件大于缓冲区大小时，fileupload 组件将使用临时文件缓存上传文件
public void setRepository(Java.io.File repository)	指定临时文件目录，默认值为 System.getProperty("java.io.tmpdir")

（2）ServletFileUpload 类

ServletFileUpload 类负责处理上传的文件数据，其 parseRequest 方法将表单中每个输入项封装成一个 FileItem 对象组成的集合。其常用方法及其含义如表 4-3 所示。

表 4-3　ServletFileUpload 类常用方法及其含义

方 法 名 称	含　　义
ServletFileUpload()	构造函数，未初始化 DiskFileItemFactory 实例对象
ServletFileUpload(FileItemFactory fileItemFactory)	构造函数，用 DiskFileItemFactory 构造一个对象，用以创建 FileItem 实例
boolean isMultipartContent(HttpServletRequest request)	判断上传表单是否为 multipart/form-data 类型
List<FileItem> parseRequest(HttpServletRequest request)	解析 request 对象，并把表单中的每个输入项包装成一个 FileItem 对象，并返回一个保存了所有 FileItem 的 list 集合
setFileSizeMax(long fileSizeMax)	设置上传文件的最大值
setSizeMax(long sizeMax)	设置上传文件总量的最大值
setHeaderEncoding(java.lang.String encoding)	设置编码格式

（3）FileItem 类

FileItem 类用来封装单个表单字段元素的数据，一个表单字段元素对应一个 FileItem 对象，通过调用 FileItem 对象的方法可以获得相关表单字段元素的数据。FileItem 是一个接口，程序可以采用 FileItem 接口类型来对它进行引用和访问。FileItem 类还实现了 Serializable 接口，以支持序列化操作。

对于 multipart/form-data 类型的 form 表单，浏览器上传的实体内容中的每个表单字段元素的数据之间用字段分隔界线进行分隔，两个分隔界线间的内容称为一个分区。每个分区中的内容可以看作两部分：一部分是对表单字段元素进行描述的描述头；另一部是表单字段元素的主体内容。主体部分有两种可能性，要么是用户填写的普通表单内容，要么是二进制文件内容。需要将客户端上传的数据分别解析出来，用 FileItem 中的 isFormField()方法进行区分哪些是表单内容，哪些是二进制内容。FileItem 接口的常用方法及其含义如表 4-4 所示。

表 4-4　FileItem 接口的常用方法及其含义

方 法 名 称	方 法 详 解
public boolean isFormField()	用于判断 FileItem 类对象封装的数据是属于一个普通表单字段，还是属于一个文件表单字段，如果是普通表单字段则返回 true，否则返回 false
public String getName()	用于获得文件上传字段中的文件名，如果 FileItem 类对象对应的是普通表单字段，getName()方法将返回 null。如果获得的是文件对象，则得到如 c:\test.txt 所示的结果，有的浏览器得到的结果只有文件名，没有路径
public String getFieldName()	GetFieldName()方法用于返回表单字段元素的 name 属性值，也就是返回各个描述头部分中的 name 属性值，例如 name=p1 中的 p1
public void write(File file)	write()方法用于将 FileItem 对象中保存的主体内容保存到某个指定的文件中。如果 FileItem 对象中的主体内容是保存在某个临时文件中，该方法顺利完成后，临时文件有可能会被清除。该方法也可将普通表单字段内容写入到一个文件中，但它的主要用途是将上传的文件内容保存在本地文件系统中
public java.lang.String getString()	getString()方法用于将 FileItem 对象中保存的主体内容作为一个字符串返回，采用默认的字符编码
public java.lang.String getString (java.lang.String encoding)	getString()方法用于将 FileItem 对象中保存的主体内容作为一个字符串返回，采用指定的字符编码
public String getContentType()	getContentType()方法用于获得上传文件的类型，如 image/gif，即 Content-Type 字段的值部分。如果 FileItem 类对象对应的是普通表单字段，该方法将返回 null
public boolean isInMemory()	isInMemory()方法用来判断 FileItem 类对象封装的主体内容是存储在内存中，还是存储在临时文件中，如果存储在内存中则返回 true，否则返回 false
public void delete()	delete()方法用来清空 FileItem 类对象中存放的主体内容，如果主体内容被保存在临时文件中，delete()方法将删除该临时文件
public InputStream getInputStream	以流的形式返回上传文件数据的内容
public long getSize()	得到上传文件的大小

（4）FileUploadException 类

在文件上传过程中，可能发生各种各样的异常，如网络中断、数据丢失等。为了对不同异常进行合适的处理，Apache 文件上传组件还开发了其他 4 个异常类：FileUploadBase. InvalidContentTypeException、FileUploadBase.IOFileUploadException、FileUploadBase. SizeException 和 FileUploadBase.UnknownSizeException，其中 FileUploadException 是其他 3 个异常类的父类，其他 3 个类只是被间接调用的底层类。对于 Apache 组件调用人员来说，只需对 FileUpload Exception 异常类进行捕获和处理即可。

任务透析

扫一扫

视频 4.1　商品图
片的上传

实现商品的上传，商品名称、价格等数据和图片文件一起提交。

步骤 1：创建 Web 工程，将文件上传所需要的两个 jar 包放入 lib 目录中，可参考图 4-4。

步骤 2：创建商品上传页面。

```jsp
<%@ page language="java" contentType="text/html; charset=UTF-8"
    pageEncoding="UTF-8"%>
<!DOCTYPE html>
<html>
<head>
<meta charset="UTF-8">
<title>上传文件</title>
</head>
<body>
    <form action="UploadFileServlet"enctype="multipart/form-data"
method="post">
        商品名称：<input type="text" name="goodsName"><br>
        商品价格：<input type="text" name="goodsPrice"><br>
        上传图片：<input type="file" name="goodsPic"><br>
        <input type="submit" value="上传图片">
    </form>
</body>
</html>
```

步骤 3：创建文件上传 Servlet。

```java
import java.io.File;
import java.io.FileOutputStream;
import java.io.IOException;
import java.io.InputStream;
import java.io.PrintWriter;
import java.util.List;
import javax.servlet.ServletException;
import javax.servlet.http.HttpServlet;
import javax.servlet.http.HttpServletRequest;
import javax.servlet.http.HttpServletResponse;
import org.apache.commons.fileupload.FileItem;
import org.apache.commons.fileupload.FileUploadException;
import org.apache.commons.fileupload.disk.DiskFileItemFactory;
import org.apache.commons.fileupload.servlet.ServletFileUpload;
```

```
public class UploadFileServlet extends HttpServlet{
    public cvoid doGet(HttpServletRequest request, HttpServletResponse
response) throws ServletException, IOException{
        request.setCharacterEncoding("utf-8");          //处理上传文件的文件名中文
                                                        //乱码问题

        DiskFileItemFactory factory=new DiskFileItemFactory();
        factory.setSizeThreshold(1024*1024);            //设置缓冲区的大小
        ServletFileUpload upload=new ServletFileUpload(factory);
        String goodsName=null;
        double goodsPrice=0;
        try{
            //解析请求数据，将解析到的上传数据以 FileItem 格式存放于 List 中
            List<FileItem> list=upload.parseRequest(request);
            //遍历 FileItem 对象
            for(FileItem item:list){
                //如果是普通表单字段
                if(item.isFormField()){
                    //得到 FileItem 中封装的字段名称
                    String filedName=item.getFieldName();
                    if(filedName!=null){
                        if(filedName.equals("goodsName"))
                            goodsName=item.getString("utf-8");
                        if(filedName.equals("goodsPrice"))
                            goodsPrice=Double.parseDouble(item.getString("utf-8"));
                    }
                }
                else{
                    //得到上传文件的名字
                    String fileName=item.getName();
                    //处理上传文件名
                    fileName=fileName.substring(fileName.lastIndexOf ("\\")+1);
                    //得到存放上传文件的路径
                    String dir=this.getServletContext().getRealPath ("/upload");
                    File file_dir=new File(dir);
                    //如果目录不存在，需要创建目录
                    if(!file_dir.exists()){
                        System.out.println("第一次上传，创建文件夹");
                        file_dir.mkdir();
                    }
                    File f=new File(dir,fileName);
                    //将从 FileItem 中解析到的上传文件的输入流，写入到输出流中
                    FileOutputStream out=new FileOutputStream(f);
                    InputStream in=item.getInputStream();
                    byte [] buffer=new byte[1024];
                    int len;
```

```
          while((len=in.read(buffer))>0){
              out.write(buffer,0,len);
          }
          in.close();
          out.close();
          item.delete();  //删除临时文件
      }
  }
  response.setContentType("text/html;charset=utf-8");
  out.print("上传成功,上传商品名为: "+goodsName+",价格为"+goodsPrice);
 }catch (FileUploadException e){
  // TODO Auto-generated catch block
  e.printStackTrace();
 }catch (Exception e){
  // TODO Auto-generated catch block
  e.printStackTrace();
 }
}
 public void doPost(HttpServletRequest request, HttpServletResponse
response)throws ServletException, IOException{
    doGet(request,response);
 }
}
```

步骤4：发布并启动项目，测试上传，如图 4-5 和图 4-6 所示。

图 4-5　测试上传页面

图 4-6　测试上传成功

上传后，查看服务器磁盘上工程的发布目录：工作空间目录\.metadata\.plugins\org. eclipse.wst.server.core\tmp1\wtpwebapps\Demo4_1\upload，可以看到上传的文件，如图 4-7 所示。

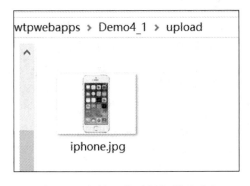

图 4-7　文件上传到服务器目录中

注意：

　　此处文件上传后，存放在服务器上的文件名和客户端上文件原本的名字一致，这可能会导致文件上传后覆盖掉原有的文件，可以采用一些方法来避免这个问题。比如，采用商品的 id 来命名，或者按照唯一随机数+文件名的方式，读者可自行实现。

课堂提问

① 文件上传的表单和普通表单设置上有哪些不同？为什么会有这些不同？
② 文件上传需要用到哪些重要的类和方法？
③ 简述文件上传的过程。

任务二　下　载　文　件

必备知识

1. 文件下载原理

一般来说，如果需下载的文件在服务器的项目发布文件夹里，要下载该资源，直接用<a></a>标签给 href 一个路径即可。例如：

```
<a href="/download/test.rar">点击此处下载</a>
```

但此种做法等于将资源完全暴露给用户，安全性得不到保障，也无法做到断点续传等高级功能。而且，如果下载的文件在项目外部的其他文件夹下，资源就无法进行下载。

要解决上述问题，结合已经掌握的知识，可以采用 Servlet 程序实现文件的下载功能。将磁盘文件以输入流的方式读入，再以输出流写出到客户端。文件下载入口由 Servlet 提供。代码如下：

```
<a href="DownloadServlet?filename=test.jpg">test.jpg</a>
```

2. 文件下载实现要点

实现文件的下载通常需要以下几个步骤：

① 在 HTTP 协议中设置消息响应头，使文件以附件的形式下载。打开 Windows 文件下载对话框进行下载.消息响应头应具有如下特征：

```
Content-Disposition:attachment;filename=xxx
Content-Type:application/x-msdownload
```

要设置如上所示的消息响应信息，可以在文件下载的 Servlet 中调用 HttpServletResponse 类中的 response.setHeader(String name,String value)方法设置响应头信息，方法的含义如表 4-5 所示。

表 4-5　设置响应头信息

方 法 名 称	含　　义
public void setHeader(String name, String value)	用给定名称和值设置响应头。如果已经设置了头，则新值将重写以前的值。containsHeader()方法可用于测试在设置其值之前头是否存在。 name：头的名称。 value：头值，如果以附件下载的方式进行响应，可以在此处指定文件的名称，但必须注意文件名的编码格式

代码如下：

```
response.setHeader("Content-Disposition","attachment;filename=\""+
filename+"\"");
```

通过这样的设置，响应消息就会通知浏览器此时是文件附件的响应方式，浏览器会弹出保存对话框。

② 得到被下载文件的绝对路径，建立文件输入流，将下载文件读入内存。dir 为下载文件的保存位置，在工程发布目录中，也可以将下载文件放入其他位置，只需获得文件的绝对位置即可。假定下载文件位置位于：tomcat 目录/webapps/工程名/download 中。

```
String dir="/download/";
String path=this.getServletContext().getRealPath(dir);
//得到下载文件的输入流
InputStream in=new FileInputStream(path+"\\"+filename);
```

③ 得到向客户端的输出流对象，循环地将输入流写出到客户端输出流。

```
OutputStream out=response.getOutputStream();
byte[] buffer=new byte[1024];
int len;
while((len=in.read(buffer))!=-1){
    out.write(buffer,0,len);
}
out.flush();
out.close();
in.close();
```

任务透析

在 Tomcat 的 webapps 目录中，建立一个 download 目录，存放被下载的两个测试文件，如图 4-8 所示。当然，被下载的文件不限于放入这个位置，可以是服务器的任何位置，只需指定好其绝对路径即可。

扫一扫

视频 4.2　文件的下载

图 4-8　被下载文件目录

步骤 1：编写下载页面，列出被下载文件的超链接，采用 filename 参数向 Servlet 传递被下载的文件名称：filename=test.txt，这个名称必须与磁盘上文件的实际名称一致。

```
<%@ page language="java" contentType="text/html; charset=UTF-8"
    pageEncoding="UTF-8"%>
<!DOCTYPE html>
<html>
<head>
<meta charset="UTF-8">
<title>文件下载</title>
</head>
<body>
    下载链接:<br>
    <a href="DownloadServlet?filename=test.txt">test.txt</a>
    <br>
    <a href="DownloadServlet?filename=ipad.jpg">ipad图片.jpg</a>
</body>
</html>
```

步骤 2：编写下载的 Servlet，获得被下载文件的绝对路径，建立文件的输入流，建立向客户端的文件输出流，将输入流循环地写入到输出流。采用 java.net.URLEncoder 类来保证在保存对话框中正确显示文件的中文名称。

```
import java.io.FileInputStream;
import java.io.IOException;
import java.io.InputStream;
import java.io.OutputStream;
import javax.servlet.ServletException;
import javax.servlet.http.HttpServlet;
import javax.servlet.http.HttpServletRequest;
import javax.servlet.http.HttpServletResponse;
public class DownloadServlet extends HttpServlet{
protected void doGet(HttpServletRequest request, HttpServletResponse
response) throws ServletException, IOException{
    //从下载链接上获得下载的文件名称，该名称与磁盘上被下载的文件名称一致
    String filename=request.getParameter("filename");
    response.setHeader("Content-Disposition",
"attachment;filename=\""+filename+"\"");
    String dir="/download/";    //dir 为下载的文件的保存位置
    String path=this.getServletContext().getRealPath(dir);
    //得到下载文件的输入流
    InputStream in=new FileInputStream(path+"\\"+filename);
    //得到向客户端写的输出流
    OutputStream out=response.getOutputStream();
    byte[] buffer=new byte[1024];
    int len;
    while((len=in.read(buffer))!=-1){
      out.write(buffer,0,len);
    }
```

```
        out.flush();
        out.close();
        in.close();
    }
    protected void doPost(HttpServletRequest request, HttpServletResponse
response) throws ServletException, IOException{
        // TODO Auto-generated method stub
        doGet(request, response);
    }
}
```

步骤 3：发布运行、测试，结果如图 4-9 和图 4-10 所示。

图 4-9　文件下载页面

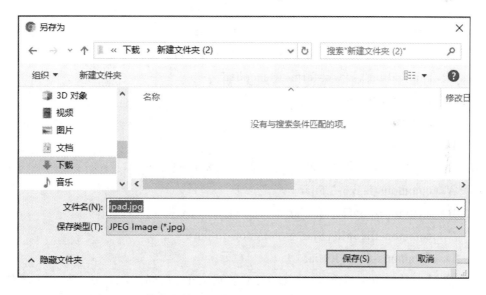

图 4-10　单击文件"下载链接"，打开"另存为"对话框

课堂提问

① 简述文件下载的原理和实现过程。

② 编写 Servlet 程序实现文件下载，如何设置才能使下载的文件以附件的形式打开 Windows 的文件下载对话框？

③ 文件下载时，要使下载的文件名不出现中文乱码，需要注意哪些问题？

单元小结

　　文件的上传和下载在 Web 开发当中经常用到，是很多网站需要提供的功能，比如用户头像图片的上传、商品图片的上传、附件的上传和下载等，因此读者必须熟练掌握文件上传和下载相关内容。本单元围绕文件的上传和下载进行了详细讲解。利用 Commons-FileUpload 组件实现文件的上传功能，实现了普通表单数据和文件的同时提交。使用 IO 数据流实现文件下载功能，并需要将响应类型设置为对应下载文件的类型。通过本单元的学习，读者能理解文件的上传和下载的原理及方法，对文件上传和下载所需要用到的 API 相关方法进行熟练应用，能胜任实际项目中文件上传和下载的应用开发。

思 考 练 习

选择题

1. 文件上传表单需要采用（　　　　）提交方式。

    A. get   B. post

    C. service   D. put

2. 实现文件上传，需要设置 form 表单 enctype 属性为（　　　　）。

    A. application/x-www-form-urlencoded

    B. multipart/form-data

    C. text/plain

    D. 以上都不是

3. 实现文件上传，需要用到（　　　　）第三方的库文件。

    A. commons-lang3-3.5.jar

    B. commons-pool2-2.4.2.jar

    C. common-fileupload.jar 和 common-io.jar

    D. commons-dbcp-1.4.jar

4. 实现文件上传，ServletFileUpload 类的 .parseRequest(request)方法返回值为（　　　　）类型。

    A. List<FileItem>   B. FileItem

    C. Map<FileItem>   D. Set<FileItem>

5. 实现文件下载，使用 Servlet 向客户端弹出保存对话框的代码正确的是（　　　　）。

    A. response.setHeader("Content-Disposition", "attachment;filename=\""+filename+"\"");

    B. request.setHeader("Content-Disposition", "attachment;filename=\""+filename+"\"");

    C. response.setContent("Content-Disposition", "attachment;filename=\""+filename+"\"");

    D. 以上都不正确

过滤器和监听器 《《

过滤器和监听器是 Servlet 的高级特性，学会使用过滤器和监听器能轻松解决一些特殊问题，如统一整个网站的字符编码、统计在线人数等。使网站执行更高效，代码更简洁。本单元介绍过滤器和监听器的基本概念，学习 Servlet API 中过滤器和监听器的作用和使用，将过滤器和监听器应用到实际项目中。

本单元包括以下几个任务：

● 使用过滤器

● 使用监听器

任务一　使用过滤器

必备知识

1. 过滤器概述

从 Java Servlet 规范 2.3 版本开始，Servlet 中引入了过滤器技术，过滤器是 Java Web 中的一个小型组件，它能够对 Servlet 容器的请求和响应对象进行检查和修改，可以对客户端和服务器之间交换的数据信息进行某项特定的操作。过滤器本身并不产生请求和响应对象，它只能提供过滤作用。过滤器能够在 Servlet 被调用之前检查 Request 对象，修改 RequestHeader 和 Request 内容；在 Servlet 被调用之后检查 Response 对象，修改 Response Header 和 Response 内容。

在 Servlet 或 JSP 处理用户输入的请求之前，过滤器可以访问该请求。在将 Web 资源的输出响应发送给用户之前，过滤器也可以访问该响应。也就是说，在客户端与 Web 服务器之间进行请求与响应交互之前，要先执行过滤器中的代码进行相应的处理。图 5-1 所示为过滤器的处理过程。

图 5-1　过滤器的处理过程

过滤器提供了一种模块化机制，它将公共的过滤器方法（即 doFilter()方法）封装到那些可以灵活地将其功能插入到 Web 程序的组件中，然后再由 web.xml 配置文件来声明这些组件，并动态地对其进行调用和处理。在实际开发中，可以通过过滤器实现以下功能：

① 权限控制：根据用户类型完成权限控制功能。

② 安全检测：根据用户请求过滤非法 IP 等。

③ 处理中文乱码：通过过滤器可以批量设置请求所使用的中文字符集，从而处理中文乱码。

④ 敏感词过滤：通过检查请求中的敏感词，过滤掉不合法的词汇。

2. 过滤器生命周期

过滤器其实就是一个特殊的 Servlet 类，它实现了 javax.servlet.Filter 接口，其生命周期与普通的 Servlet 只有一点点差别，图 5-2 所示为过滤器生命周期的各个阶段。

① 加载/实例化阶段：Servlet 容器负责加载和实例化过滤器类，当 Servlet 容器启动时，就会加载并创建过滤器类的实例，接下来当用户访问 Web 资源时，就可以利用过滤器实例监控该资源。

② 初始化阶段：当过滤器类实例化之后，容器必须调用过滤器的 init()方法来初始化这个对象。

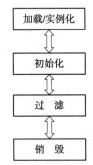

图 5-2 过滤器生命周期的各个阶段

③ 过滤阶段：当过滤器类初始化完成之后，Servlet 容器将调用过滤器的 doFilter()方法对请求或响应进行过滤，doFilter()方法的执行将优先于请求或响应的执行。

④ 销毁阶段：当容器检测到一个过滤器实例不再被使用，应该从容器中移除时，容器就会自动调用过滤器实例的 destroy()方法来销毁该过滤器实例，这样也就释放了过滤器实例所占用的资源。

3. 过滤器常用 API

通常在编写过滤器的过程中，会用到 javax.servlet 包中的 3 个接口，分别是 Filter、FilterConfig、FilterChain。各接口的功能及常用 API 如下：

（1）Filter 接口

要想创建过滤器类则必须实现 Filter 接口，并实现其 init()方法及 doFilter()方法。若要释放资源，还必须实现其 destroy()方法。各方法的含义如表 5-1 所示。

表 5-1　Filter 接口相关方法及其含义

方 法 名 称	方 法 含 义
public void destroy()	销毁这个过滤器时所做的操作。由 Web 容器调用，指示将从服务中取出的过滤器。此方法仅在过滤器的 doFilter()方法中的所有线程都已退出之后调用一次，或者在过了超时期限之后调用。调用此方法之后，Web 容器不会再对此过滤器实例调用 doFilter()方法。此方法为过滤器提供了一个清除持有的所有资源（如内存、文件句柄和线程）的机会，并确保任何持久状态都与内存中该过滤器的当前状态保持同步

方 法 名 称	方 法 含 义
public void doFilter (ServletRequest request, ServletResponse response, FilterChain chain) throws java.io. IOException, ServletException	每次由于对链末尾的某个资源的客户端请求而通过链传递请求/响应对时，容器都会调用 Filter 的 doFilter()方法。传入此方法的 FilterChain 允许 Filter 将请求和响应传递到链中的下一个实体。 此方法的典型实现遵循以下模式： ① 检查请求。 ② 有选择地将带有自定义实现的请求对象包装到用于输入过滤的过滤器内容或头中。 ③ 有选择地将带有自定义实现的响应对象包装到用于输出过滤的过滤器内容或头中。 ④ 既可以使用 FilterChain 对象（chain.doFilter()）调用链中的下一个实体，也可以不将请求/响应对传递给过滤器链中的下一个实体，从而阻塞请求处理。 ⑤ 在调用过滤器链中的下一个实体之后直接设置响应上的头信息
public void init (FilterConfig filterConfig) throws ServletException	由 Web 容器调用，指示将放入服务中的过滤器。servlet 容器只在实例化过滤器之后调用一次 init()方法。在要求过滤器做任何过滤工作之前，init()方法必须成功完成

（2）FilterConfig 接口

过滤器类中的 init()方法将接收一个 FilterConfig 接口对象，FilterConfig 接口中的常用方法及其含义如表 5-2 所示。通过该接口对象的 getFilterName()方法可以获得 web.xml 文件中定义的过滤器的名称；通过 getInitParameter()方法可以获得初始化参数；通过 getInitParameterNames()方法可以获得所有初始化参数名称；通过 getServletContext()方法可以获得 ServletContext 对象。

表 5-2　FilterConfig 接口中的常用方法及其含义

方 法 名 称	方 法 含 义
public String getFilterName()	如部署描述符中定义的那样，返回此过滤器的名称
public String getInitParameter(String name)	返回包含指定初始化参数的值的 String，如果参数不存在，则返回 null。 name：指定初始化参数名称的 String； return：包含初始化参数值的 String
public java.util.Enumeration<E> getInitParameterNames()	以 String 对象的 Enumeration 形式返回过滤器初始化参数的名称，如果过滤器没有初始化参数，则返回一个空的 Enumeration。 return：包含过滤器初始化参数名称的 String 对象的 Enumeration

（3）FilterChain 接口

过滤器类中的 doFilter()方法将接收一个 FilterChain 接口对象，FilterChain 接口中的常用方法及其含义如表 5-3 所示。当某个 Web 资源被多个过滤器所监控时，通过 FilterChain 接口对象的 doFilter()方法可以从一个过滤器中去调用另一个过滤器，这样也就形成了过滤器链。

表 5-3　FilterChain 接口中的常用方法及其含义

方 法 名 称	方 法 含 义
public void doFilter(ServletRequest request, ServletResponse response) throws java.io.IOException, ServletException	导致链中的下一个过滤器被调用，如果调用的过滤器是链中的最后一个过滤器，则导致调用链末尾的资源。 request：沿着链传递的请求。 response：沿着链传递的响应

图 5-3 描述了过滤器链的工作原理。当用户请求 Web 资源时，在过滤器链中，过滤器 1 过滤完请求之后会通过 FilterChain 接口对象的 doFilter()方法调用过滤器 2，当过滤器 2 过滤完请求之后仍然通过 FilterChain 接口对象的 doFilter()方法调用过滤器 3。过滤器 3 已是过滤器链中最后一个过滤器，当过滤器 3 过滤完请求之后，最后由过滤器 3 中的 FilterChain 接口对象的 doFilter()方法将请求发送到 Web 资源中。

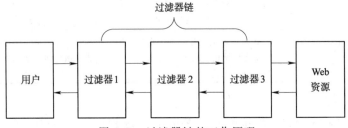

图 5-3　过滤器链的工作原理

总之，当调用的过滤器是过滤器链中的最后一个过滤器时，接下来就会进入 Web 资源中进行处理。若整个 Web 资源只被一个过滤器所监控，则用户请求经过过滤之后直接进入 Web 资源进行处理。

过滤器链中多个过滤器之间的执行顺序由 web.xml 配置文件中过滤器映射 <filter-mapping>元素的先后顺序决定，谁排在前面则优先执行对应的过滤器代码。以下是两个<filter-mapping>映射元素的配置代码：

```
<!-- 配置过滤器监控路径 -->
<filter-mapping>
   <filter-name>ValidateFilter</filter-name>
   <url-pattern>/page/*</url-pattern>
</filter-mapping>
<filter-mapping>
   <filter-name>EncodingFilter</filter-name>
   <url-pattern>/page/*</url-pattern>
</filter-mapping>
```

观察以上的配置代码，当访问 page 目录下的任何 Web 资源时，将先执行 ValidateFilter 过滤器再执行 EncodingFilter 过滤器，最后到达相应的 Web 资源中进行处理。

4. 过滤器一般开发步骤

过滤器开发分为以下 2 步：

① 编写 Java 类实现 Filter 接口，在 doFilter()方法中进行逻辑处理。

```
public class  MyFilter implements Filter{
   @Override
```

```
      public void destroy(){
      }
      @Override
      public void doFilter(ServletRequest request, ServletResponse response,
FilterChain filterChain) throws IOException, Servlet- Exception{
          System.out.println("----调用 service 之前执行一段代码----");
          filterChain.doFilter(request, response); // 执行目标资源,放行
          System.out.println("----调用 service 之后执行一段代码----");
      }
      @Override
      public void init(FilterConfig arg0) throws ServletException{
      }
  }
```

② 在 web.xml 文件中配置过滤器,指定过滤器的过滤路径。

编写完过滤器类之后,还需要在 web.xml 文件中进行配置,这样就可以将过滤器名称与特定的过滤器类关联起来,同时还可以为过滤器指定初始化参数,还需要设置好过滤器的监控路径。以下是基本配置语法:

```
<filter>
    <filter-name>过滤器名称</filter-name>
    <filter-class>过滤器类</filter-class>
<init-param>
    <param-name>初始化参数名</param-name>
    <param-value>参数值</param-value>
</init-param>
</filter>
<filter-mapping>
    <filter-name>过滤器名称</filter-name>
    <url-pattern>过滤器监控路径</url-pattern>
</filter-mapping>
```

注意:

过滤器监控路径可以是任何 Web 资源,如 Servlet、JSP 页面、HTML 页面等。要想将过滤器应用于本工程下的所有 Web 资源,可以将<url-pattern>元素值设置为/*,这样,该 Web 应用程序的所有 Web 资源的请求及响应都将被过滤器所监控。

任务透析

【子任务 1】工程下有 3 个过滤器 Filter1、Filter3、Filter2,编写并配置它们,运行顺序为 Filter1、Filter3、Filter2,过滤器的过滤 url 为所有的 Servlet。

步骤 1:分别编写 3 个过滤器类。

```
public class Filter1 implements Filter{
    @Override
    public void destroy(){
```

扫一扫

视频 5.1 过滤器的
调用顺序

121

```
    }
    @Override
    public void doFilter(ServletRequest request, ServletResponse response,
FilterChain filterChain) throws IOException, ServletException{
        System.out.println("Filter1 被执行---Before");
        filterChain.doFilter(request,response);
        System.out.println("Filter1 被执行---After");
    }
    @Override
    public void init(FilterConfig filterConfig) throws ServletException{
    }
}

public class  Filter2 implements Filter{
    @Override
    public void destroy(){
    }
    @Override
    public void doFilter(ServletRequest request, ServletResponse response,
FilterChain filterChain) throws IOException, ServletException{
        System.out.println("Filter2 被执行---Before");
        filterChain.doFilter(request,response);
        System.out.println("Filter2 被执行---After");
    }
    @Override
    public void init(FilterConfig filterConfig) throws ServletException{
    }
}
public class  Filter3 implements Filter{
    @Override
    public void destroy(){
    }
    @Override
    public void doFilter(ServletRequest request,ServletResponse response,
FilterChain filterChain) throws IOException, ServletException{
        System.out.println("Filter3 被执行---Before");
        filterChain.doFilter(request,response);
        System.out.println("Filter3 被执行---After");
    }
    @Override
    public void init(FilterConfig filterConfig) throws ServletException{
    }
}
```

步骤 2：在 web.xml 中注册过滤器，注册顺序为 1、3、2。

```
<!-- 配置过滤器 1 -->
<filter>
    <filter-name>Filter1</filter-name>
    <filter-class>com.test.filter.Filter1</filter-class>
</filter>
<filter-mapping>
    <filter-name>Filter1</filter-name>
```

```
        <url-pattern>/servlet/*</url-pattern>
    </filter-mapping>
    <!-- 配置过滤器 3 -->
    <filter>
        <filter-name>Filter3</filter-name>
        <filter-class>com.test.filter.Filter3</filter-class>
    </filter>
    <filter-mapping>
        <filter-name>Filter3</filter-name>
        <url-pattern>/servlet/*</url-pattern>
    </filter-mapping>
    <!-- 配置过滤器 2 -->
    <filter>
        <filter-name>Filter2</filter-name>
        <filter-class>com.test.filter.Filter2</filter-class>
    </filter>
    <filter-mapping>
        <filter-name>Filter2</filter-name>
        <url-pattern>/servlet/*</url-pattern>
    </filter-mapping>
```

步骤 3：编写被拦截的 Servlet 程序。

```
public class TestFilterServlet extends HttpServlet{
    public void doGet(HttpServletRequest request, HttpServletResponse
response)throws ServletException, IOException{
        System.out.println("测试过滤器 Servlet 被执行");
    }
    public void doPost(HttpServletRequest request, HttpServletResponse
response)throws ServletException, IOException{
        doGet(request,response);
    }
}
```

步骤 4：发布测试，运行 TestFilterServlet，将依次调用 3 个过滤器。程序运行结果如图 5-4 所示。

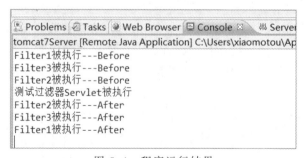

图 5-4　程序运行结果

【子任务 2】使用过滤器进行全局字符编码控制。

定义一个 EncodingFilter 过滤器类，该类用来控制所有的 Servlet 类，也就是说当用户访问某个 Servlet 类之前，必须先经过

扫一扫

视频 5.2　过滤器进行
全局字符编码控制

EncodingFilter 过滤器进行过滤，以便设置中文字符集来正确处理中文。

步骤 1：编写提交表单页面。

```
<%@page language="java" import="java.util.*" pageEncoding="utf-8"%>
<!DOCTYPE html>
<html>
<head>
<title>过滤器中文处理编码示例</title>
</head>
<body>
过滤器进行字符编码控制示例: <br>
<form action="servlet/GetInfoServlet" method="post">
   <input type="text" name="info">
   <input type="submit" value="提交">
</form>
</body>
</html>
```

步骤 2：编写接收表单提交数据的 Servlet，将接收到的表单信息输出到客户端，可以在提交数据的 Servlet 中进行中文乱码的处理，编程时需要在此处进行中文乱码的处理。将接收到的字符串进行重新编码，并设置 Response 的响应字符编码格式。但此处，将编码工作交给过滤器来完成。

```
public class GetInfoServlet extends HttpServlet{
    public void doGet(HttpServletRequest request, HttpServletResponse
response)throws ServletException, IOException{
        String info=request.getParameter("info");
        System.out.println(info);
        PrintWriter out=response.getWriter();
        out.print(info);
    }
    public void doPost(HttpServletRequest request, HttpServletResponse
response)throws ServletException, IOException{
        doGet(request,response);
    }
}
```

步骤 3：编写过滤器实现 Filter 接口，在过滤器的 init()方法中接收到 web.xml 中传递过来的初始化参数并输出。另外，在 doFilter()方法中将请求和响应的字符编码都设置为 utf-8。但这种方式，只对消息体中的内容有效，即 post 方法提交才能有效地进行中文字符的转码。

```
public class EncodingFilter implements Filter{
    @Override
    public void destroy(){
    }
    @Override
    public void doFilter(ServletRequest request, ServletResponse response,
FilterChain filterChain) throws IOException, ServletException {
        try {
        // 设置请求中文字符集
```

```
            request.setCharacterEncoding("utf-8");   //只对消息体中的中文有效
（post 方法提交中文有效）
        // 设置响应内容类型及中文字符集
        response.setContentType("text/html;charset=utf-8");
        filterChain.doFilter(myrequest, response);
        }catch (Exception e){
        e.printStackTrace();
        }
    }
    @Override
    public void init(FilterConfig filterConfig) throws ServletException{
        String message=filterConfig.getInitParameter("message");
        System.out.println(message);
    }
}
```

步骤 4： 配置过滤器及 Servlet。

```xml
<?xml version="1.0"encoding="UTF-8"?>
<web-appxmlns:xsi="http://www.w3.org/2001/XMLSchema-instance"xmlns=
"http://java.sun.com/xml/ns/javaee"xmlns:web="http://java.sun.com/xml/
ns/javaee/web-app_2_5.xsd"xsi:schemaLocation="http://java.sun.com/xml/
ns/javaeehttp://java.sun.com/xml/ns/javaee/web-app_3_0.xsd"version="3.0">
<display-name></display-name>
  <!-- 配置 Servlet -->
<servlet>
<servlet-name>GetInfoServlet</servlet-name>
<servlet-class>com.test.servlet.GetInfoServlet</servlet-class>
</servlet>
<servlet-mapping>
<servlet-name>GetInfoServlet</servlet-name>
<url-pattern>/servlet/GetInfoServlet</url-pattern>
</servlet-mapping>
  <!-- 配置过滤器 -->
  <filter>
    <filter-name>EncodingFilter</filter-name>
    <filter-class>com.test.filter.EncodingFilter</filter-class>
    <init-param>
      <param-name>message</param-name>
      <param-value>进入 EncodingFilter 过滤器</param-value>
    </init-param>
  </filter>
  <!-- 配置过滤器监控路径 -->
  <filter-mapping>
    <filter-name>EncodingFilter</filter-name>
    <url-pattern>/*</url-pattern>
  </filter-mapping>
</web-app>
```

步骤 5：进一步修改程序，如果需要对 get 请求方法中的中文字符也能正确编码和解码，可以使用装饰模式，编写一个类 MyUTF8Request 继承 HttpServletRequestWrapper，来修改 Request 对象，将 HttpServletRequest 请求中的数据取出，进行转码之后再返回。修改 EncodingFilter 类代码如下：

```java
import java.io.IOException;
import javax.servlet.Filter;
import javax.servlet.FilterChain;
import javax.servlet.FilterConfig;
import javax.servlet.ServletException;
import javax.servlet.ServletRequest;
import javax.servlet.ServletResponse;
import javax.servlet.http.HttpServletRequest;
import javax.servlet.http.HttpServletRequestWrapper;
public class  EncodingFilter implements Filter{
  @Override
  public void destroy(){
  }
  @Override
  public void doFilter(ServletRequest request, ServletResponse response,
FilterChain filterChain) throws IOException, ServletException{
    try{
      // 设置请求中文字符集
      request.setCharacterEncoding("utf-8");   //只对消息体中的中文有效
(post 方法提交中文有效)
      // 设置响应内容类型及中文字符集
      response.setContentType("text/html;charset=utf-8");
      //如果是 get 请求, 截获 Http 请求并用 MyRequest 来装饰 request 对象
      //或者修改 Tomcat 中的 URIEncoding 属性为 utf-8, 对 get 请求有效
      MyUTF8Request myrequest=new MyUTF8Request ((HttpServletRequest)
request);
      filterChain.doFilter(myrequest, response);
    }catch (Exception e){
      e.printStackTrace();
    }
  }

  @Override
  public void init(FilterConfig filterConfig) throws ServletException{
    String message=filterConfig.getInitParameter("message");
    System.out.println(message);
  }

  //编写一个 MyUTF8Request 类, 继承 HttpServletRequestWrapper, 用以装饰
  //HttpServletRequest 类
  class MyUTF8Request extends HttpServletRequestWrapper{
    public MyUTF8Request(HttpServletRequest request){
      super(request);
```

```
  }
  @Override
  public String getParameter(String name) {
    String value=super.getParameter(name);
    if(value==null)
      return null;
    else if("get".equalsIgnoreCase(super.getMethod())){
      try{
        System.out.println("调用 get 请求,用 MyRequest 来装饰 request 对象");
        value=new String(value.getBytes("iso8859-1"), "utf-8");
      }
      catch(Exception e){
        throw new RuntimeException(e);
      }
    }
    return value;
  }
}
```

步骤 6：发布工程，分别用 post 和 get 方法提交表单，进行测试，运行结果如图 5-5 所示。观察控制台中过滤器的 init() 方法被调用的时机：在工程被载入时服务器就被调用，如图 5-6 所示。

图 5-5　程序运行结果：中文被正确处理

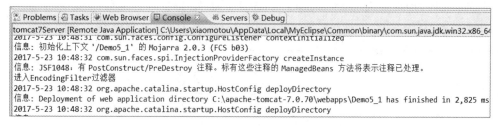

图 5-6　过滤器 INIT() 方法被执行的时机

课堂提问

① 简述过滤器的含义和作用。

② 实现过滤器有 3 个相关接口：Filter、FilterConfig、FilterChain，各接口的功能和意义是什么？

③ 简述 doFilter() 方法接收的参数，以及该方法的作用。

④ 假设网站设置了 2 个过滤器，如何来保证它们的执行顺序？

⑤ 列举可以用过滤器实现的实际应用中的例子。

任务二 使用监听器

必备知识

1. 监听器概述

Servlet 监听器是 Servlet 规范中定义的一种特殊类，用于监听 ServletContext、HttpSession 和 ServletRequest 等域对象的创建与销毁事件，以及监听这些域对象中属性发生修改的事件，给 Web 应用增加事件处理机制，以便更好地监控 Web 应用的状态变化。

监听器的监听对象有：

① ServletContext：application，整个应用只存在一个。

② HttpSession：session，针对每一个会话。

③ ServletRequest：request，针对每一个客户请求。

监听内容：创建、销毁、属性改变的事件。

监听器的作用：可以在事件发生前、发生后进行一些处理，一般可以用来统计在线人数和在线用户、统计网站访问量、系统启动时初始化信息等。

2. 监听器分类

目前，Servlet 2.4 和 JSP 2.0 总共有 8 个监听器接口和 6 个 Event 类，如表 5-4 所示。其中，HttpSessionAttributeListener 与 HttpSessionBindingListener 使用 HttpSessionBindingEvent，HttpSessionListener 和 HttpSessionActivationListener 使用 HttpSessionEvent，其余 Listener 对应 Event。

表 5-4 各监听器接口及对应的事件类

Listener 接口	Event 类
ServletContextListener	ServletContextEvent
ServletContextAttributeListener	ServletContextAttributeEvent
HttpSessionListener	HttpSessionEvent
HttpSessionActivationListener	
HttpSessionAttributeListener	HttpSessionBindingEvent
HttpSessionBindingListener	
ServletRequestListener	ServletRequestEvent
ServletRequestAttributeListener	ServletRequestAttributeEvent

按照监听的对象划分，监听器分为 3 类：用于监听应用程序环境对象（ServletContext）的事件监听器、用于监听用户会话对象（HttpSeesion）的事件监听器和用于监听请求消息对象（ServletRequest）的事件监听器。下面分别对这三类监听器做详细介绍。

（1）ServletContext 监听器

ServletContext 相关监听接口有两个监听器，分别是 ServletContextListener、ServletContextAttributeListener。

① ServletContextListener：用于监听 Web 应用启动和销毁的事件，监听器类需要实现 javax.servlet. ServletContextListener 接口。ServletContextListener 是 ServletContext 的监听者，如果 ServletContext 发生变化，如服务器启动时 ServletContext 被创建，服务器关闭时 ServletContex 将要被销毁。

ServletContextListener 接口的常用方法及其含义如表 5-5 所示。

表 5-5　ServletContextListener 接口常用方法及其含义

方　法　名	含　义
public void contextInitialized(ServletContextEvent sce)	通知正在接收的对象，应用程序已经被加载及初始化
public void contextDestroyed(ServletContextEvent sce)	通知正在接收的对象，应用程序已经被载出

ServletContextListener 监听 ServletContextEvent 事件，ServletContextEvent 中的常用方法及其含义如表 5-6 所示。

表 5-6　ServletContextEvent 接口常用方法及其含义

方　法　名	含　义
public ServletContextEvent(ServletContext source)	构造函数，构造来自给定上下文的 ServletContextEvent
public ServletContext getServletContext()	返回更改的 ServletContext

② ServletContextAttributeListener：用于监听 Web 应用属性改变的事件，包括增加属性、删除属性、修改属性，监听器类需要实现 javax.servlet.ServletContextAttributeListener 接口。ServletContextAttributeListener 接口的常用方法及其含义如表 5-7 所示。

表 5-7　ServletContextAttributeListener 接口常用方法及其含义

方　法　名	含　义
public void attributeAdded(ServletContextAttributeEvent scab)	若有对象加入 Application 的范围，通知正在收听的对象
public void attributeRemoved(ServletContextAttributeEvent scab)	若有对象从 Application 的范围移除，通知正在收听的对象
public void attributeReplaced(ServletContextAttributeEvent scab)	若在 Application 的范围中，有对象取代另一个对象时，通知正在收听的对象 ServletContext AttributeEvent 中的方法

ServletContextAttributeEvent 接口的常用方法及其含义如表 5-8 所示。

表 5-8　ServletContextEvent 接口的常用方法及其含义

方　法　名	含　　义
Public Java.lang.String getName()	回传属性的名称
Public java.lang.Object getValue()	回传属性的值

（2）HttpSession 监听器

HttpSession 相关监听接口有 4 个监听器，分别是 HttpSessionBindingListener、HttpSessionAttributeListener、HttpSessionListener 和 HttpSessionActivationListener。

① HttpSessionBindingListener 接口：唯一不需要在 web.xml 中设置的 Listener，当定义的类实现了 HttpSessionBindingListener 接口后，只要对象加入 Session 范围（即调用 HttpSession 对象的 setAttribute() 方法时）或从 Session 范围中移出（即调用 HttpSession 对象的 removeAttribute() 方法时或 SessionTimeout 时）时，容器分别会自动调用表 5-9 中的两个方法。

表 5-9　HttpSessionBindingListener 接口常用方法及其含义

方　法　名	含　　义
public void valueBound (HttpSessionBindingEvent event)	通知对象它将被绑定到某个会话并标识该会话。event：标识会话的事件
public void valueUnbound (HttpSessionBindingEvent event)	通知对象要从某个会话中取消对它的绑定并标识该会话。event：标识会话的事件

javax.servlet.http.HttpSessionBindingEvent 中的常用方法及其含义如表 5-10 所示。

表 5-10　HttpSessionBindingEvent 接口常用方法及其含义

方　法　名	含　　义
publicHttpSessionBindingEvent (HttpSession session, String name)	构造一个事件，通知对象它已经被绑定到会话，或者已经从会话中取消了对它的绑定。要接收该事件，对象必须实现 HttpSessionBindingListener。session：将对象绑定到或从中取消绑定的会话；name：用来绑定或取消绑定对象的名称
publicHttpSessionBindingEvent (HttpSession session, String name, Object value)	构造一个事件，通知对象它已经被绑定到会话，或者已经从会话中取消了对它的绑定。要接收该事件，对象必须实现 HttpSessionBindingListener。session：将对象绑定到或从中取消绑定的会话。name：用来绑定或取消绑定对象的名称
public String getName()	返回用来将属性绑定到会话或从会话中取消属性绑定的名称
public HttpSession getSession()	返回更改的会话
public Object getValue()	返回已添加、移除或替换的属性的值。如果添加（或绑定）了属性，则这是该属性的值。如果移除（或取消绑定）了属性，则这是被移除属性的值。如果替换了属性，则这是属性原来的值

② HttpSessionAttributeListener 接口：HttpSessionAttributeListener 监听 HttpSession 中的属性的操作。当在 Session 中增加一个属性时，激发 attributeAdded(HttpSession BindingEvent se) 方法；当在 Session 中删除一个属性时，激发 attributeRemoved

(HttpSessionBindingEventse)方法；当在 Session 中的属性被重新设置时，激发 attributeReplaced(HttpSessionBindingEventse)方法。这和 ServletContextAttributeListener 比较类似。

HttpSessionAttributeListener 接口常用方法及其含义如表 5-11 所示。

表 5-11　HttpSessionAttributeListener 接口常用方法及其含义

方　法　名	含　　义
public void attributeAdded(HttpSessionBindingEvent se)	通知已将属性添加到会话。在添加属性之后调用
public void attributeRemoved(HttpSessionBindingEvent se)	通知属性已从会话中移除。在移除属性之后调用
public void attributeReplaced(HttpSessionBindingEvent se)	通知已替换会话中的一个属性。在替换属性之后调用

③ HttpSessionListener 接口：HttpSessionListener 监听 HttpSession 的操作。当创建一个 Session 时，激发 sessionCreated(HttpSessionEvent se)方法；当销毁一个 Session 时，激发 sessionDestroyed (HttpSessionEvent se)方法。

HttpSessionListener 接口常用方法及其含义如表 5-12 所示。

表 5-12　HttpSessionListener 接口常用方法及其含义

方　法　名	含　　义
public void sessionCreated(HttpSessionEvent se)	通知创建了一个会话。 se：通知事件
public void sessionDestroyed(HttpSessionEvent se)	通知某个会话即将无效。 se：通知事件

HttpSessionEvent 接口常用方法及其含义如表 5-13 所示。

表 5-13　HttpSessionEvent 接口常用方法及其含义

方　法　名	含　　义
public HttpSessionEvent(HttpSession source)	构造来自给定源的会话事件
public HttpSession getSession()	返回更改的会话

④ HttpSessionActivationListener 接口：主要用于同一个 Session 转移至不同的 JVM 的情形。HttpSessionActivationListener 接口常用方法及其含义如表 5-14 所示。

表 5-14　HttpSessionActivationListener 接口常用方法及其含义

方　法　名	含　　义
public void sessionDidActivate (HttpSessionEvent se)	通知会话刚刚被激活
public void sessionWillPassivate (HttpSessionEvent se)	通知会话即将被钝化

（3）ServletRequest 监听器

ServletRequest 相关监听接口有两个监听器，分别是 ServletRequestListener 和 ServletRequestAttributeListener。

① ServletRequestListener 接口：ServletContextListener 接口类似，这里由 ServletContext 改为 ServletRequest。ServletRequestListener 可由想要在请求进入和超出 Web 组件范围时获得通知的开发人员实现。当请求即将进入每个 Web 应用程序中的第一个 Servlet 或过滤器时，该请求将被定义为进入范围，当它退出链中的最后一个 Servlet 或第一个过滤器时，它将被定义为超出范围。

ServletRequestListener 接口常用方法及其含义如表 5-15 所示。

表 5-15　ServletRequestListener 常用方法及其含义

方　法　名	含　义
public void requestDestroyed(ServletRequestEvent sre)	请求即将超出该 Web 应用程序的范围
public void requestInitialized(ServletRequestEvent sre)	请求即将进入该 Web 应用程序的范围

ServletRequestEvent 接口常用方法及其含义如表 5-16 所示。

表 5-16　ServletRequestEvent 常用方法及其含义

方　法　名	含　义
public ServletRequestEvent(ServletContext sc, ServletRequest request)	为给定 ServletContext 和 ServletRequest 构造 ServletRequestEvent
public ServletContext getServletContext()	返回此 Web 应用程序的 ServletContext。public ServletRequest
public ServletRequest getServletRequest()	返回正发生更改的 ServletRequest

② ServletRequestAttributeListener 接口：与 ServletContextListener 接口类似，这里由 ServletContext 改为 ServletRequest。ServletRequestAttributeListener 可由想要在请求属性更改时获得通知的开发人员实现。当请求位于注册了该监听器的 Web 应用程序范围中时，将生成通知。当请求即将进入每个 Web 应用程序中的第一个 Servlet 或过滤器时，该请求将被定义为进入范围，当它退出链中的最后一个 Servlet 或第一个过滤器时，它将被定义为超出范围。

ServletRequestAttributeListener 接口常用方法及其含义如表 5-17 所示。

表 5-17　ServletRequestAttributeListener 接口常用方法及其含义

方　法　名	含　义
public void attributeAdded(ServletRequestAttributeEvent srae)	通知向 Servlet 请求添加了一个新属性。在添加属性之后调用
public void attributeRemoved(ServletRequestAttributeEvent srae)	通知现有属性已从 Servlet 请求中移除。在移除属性之后调用
public void attributeReplaced(ServletRequestAttributeEvent srae)	通知已替换 Servlet 请求中的一个属性。在替换属性之后调用

ServletRequestAttributeEvent 接口常用方法及其含义如表 5-18 所示。

表 5-18　ServletRequestAttributeEvent 接口常用方法及其含义

方　法　名	含　　义
public ServletRequestAttributeEvent (ServletContext sc, ServletRequest request, String name, Object value)	给出此 Web 应用程序的 Servlet 上下文、属性正发生更改的 ServletRequest 以及属性的名称和值，构造 ServletRequestAttributeEvent
public StringgetName()	返回 ServletRequest 中更改的属性的名称
public Object getValue()	返回已添加、移除或替换的属性的值。如果添加了属性，则这是属性的值；如果移除了属性，则这是被移除属性的值；如果替换了属性，则这是属性原来的值

3. 监听器一般开发步骤

① 根据需要，选择合适的监听器接口，作为被继承的父类，实现其抽象方法。以 HttpSessionListener 为例，代码如下：

```
public class  ListenerEx1 implements HttpSessionListener{
    @Override
     public void sessionCreated(HttpSessionEvent arg0){
     //创建 Session 时触发方法
    }
    @Override
    public void sessionDestroyed(HttpSessionEvent arg0){
     //销毁 Session 时触发方法
    }
}
```

② 监听器需要在 web.xml 文件中声明。代码如下：

```
<listener>
   <listener-class>
     com.listener.ListenerEx1
   </listener-class>
</listener>
```

任务透析

【子任务 1】建立一个 ServletContextAttributeListener，改变 application 共享域中的属性，调用监听器中的方法。

步骤 1：编写监听器，实现接口，分别实现其中 3 个方法，用于监听 application 域中的对象被创建、替换和删除。

扫一扫

视频 5.3　Servlet ContextAttributeLis tener 监听器

```
import javax.servlet.ServletContextAttributeEvent;
import javax.servlet.ServletContextAttributeListener;
public class MyServletContextAttributeListener implements
SevletContextAttributeListener{
    @Override
    public void attributeAdded(ServletContextAttributeEvent event) {
      System.out.println("ServletContextAttribute 中"+event. getName()+ "
对象被创建，值为"+event.getValue());
```

```
    }
    @Override
    public void attributeRemoved(ServletContextAttributeEvent event) {
        System.out.println("ServletContextAttribute 中"+event. getName()+ "对
象被移除");
    }
    @Override
    public void attributeReplaced(ServletContextAttributeEvent event) {
        System.out.println("ServletContextAttribute 中"+event. getName()+ "对
象被替换");
    }
}
```

在 web.xml 中配置监听器。代码如下：

```
<listener>
    <listener-class>
      com.demo.listener.MyServletContextAttributeListener
    </listener-class>
</listener>
```

步骤 2：编写 TestAddServlet，向 ServletContext 域中存入对象。

```
import java.io.IOException;
import javax.servlet.ServletException;
import javax.servlet.http.HttpServlet;
import javax.servlet.http.HttpServletRequest;
import javax.servlet.http.HttpServletResponse;
public class TestAddServlet extends HttpServlet{
    public void doGet(HttpServletRequest request, HttpServletResponse
response)throws ServletException, IOException{
        this.getServletContext().setAttribute("TestApplicationValue",
"Application_Value1");
    }
    public void doPost(HttpServletRequest request, HttpServletResponse
response)throws ServletException, IOException{
        doGet(request,response);
    }
}
```

步骤 3：编写 index.jsp 的代码，改变 application 域中的对象值。

```
<body>
<%
    application.setAttribute("TestApplicationValue","Application_ Value2");
    //application.removeAttribute("TestApplicationValue");
%>
</body>
```

步骤 4：发布工程，分别运行 TestAddServlet 和 index.jsp，观察监听器各方法被触发的过程。

【子任务2】统计网站当前的在线人数。

分析：当服务器启动时，将网站在线人数初始化为 0，可由 ServletContextListener 接口的 contextInitialized()方法实现。

视频 5.4 统计在线人数

```
public void contextInitialized(ServletContextEvent
event){
    //当前登录人数初始化为 0
}
```

当用户登录时，向 Session 中放入一个用户对象，退出时移除这个对象，所以需要实现 HttpSessionAttributeListener 接口并重写下面两个方法。

```
public void attributeAdded(HttpSessionBindingEvent event){
    //登录人数加 1
}
@Override
public void attributeRemoved(HttpSessionBindingEvent event){
    //登录人数减 1
}
@Override
public void attributeReplaced(HttpSessionBindingEvent event){
}
```

步骤 1：编写登录表单页面代码。

```
<%@page language="java" import="java.util.*" pageEncoding="utf-8"%>
<!DOCTYPE html>
<html>
<head>
<title>登录</title>
</head>
<body>
<form action="servlet/LoginServlet" method="post">
    用户名: <input type="text"name=" username"><br>
    密码: <input type="password"name="password">${error}<br>
    <input type="submit" value="登录">
</form>
</body>
</html>
```

步骤 2：编写相应登录的 LoginServlet 进行登录处理，如果登录成功，就向 Session 中放入登录用户对象，并转发至成功页面 welcome.jsp，否则转发至重新登录页面。

```
import java.io.IOException;
import javax.servlet.ServletException;
import javax.servlet.http.HttpServlet;
import javax.servlet.http.HttpServletRequest;
import javax.servlet.http.HttpServletResponse;
public class LoginServlet extends HttpServlet{
    public void doGet(HttpServletRequest request, HttpServletResponse
response)throws ServletException, IOException{
```

```
    String username=request.getParameter("username");
    String password=request.getParameter("password");
    if("admin".equals(username)&&"123".equals(password)){
      request.getSession().setAttribute("Login_User", username);
      request.getRequestDispatcher("/welcome.jsp").forward (request,
response);
    }
    else{
      request.setAttribute("error", "用户名或密码错误");
      request.getRequestDispatcher("/login.jsp").forward(request,response);
    }
  }
    public void doPost(HttpServletRequest request, HttpServletResponse
response)throws ServletException, IOException{
      doGet(request,response);
    }
}
```

步骤 3：编写退出 LoginOutServlet，当用户退出后，将登录用户从 Session 中移除。

```
public class LoginOutServletextends HttpServlet{
  public void doGet(HttpServletRequest request, HttpServletResponse
response)throws ServletException, IOException{

    System.out.println("--LoginOutServlet--");
    request.getSession().removeAttribute("Login_User");
    request.getRequestDispatcher("/login.jsp").forward(request, response);
  }
    public void doPost(HttpServletRequest request,HttpServletResponse
response)throws ServletException, IOException{
      doGet(request,response);
    }
  }
```

步骤 4：编写登录成功页面 welcome.jsp，里面有一个退出登录链接，调用 LoginOutServlet。

```
<%@page language="java" import="java.util.*" pageEncoding="utf-8"%>
<!DOCTYPE html>
<html>
<head>
<title>welcome.jsp</title>
</head>
<body>
  欢迎登录! ${Login_User}<br>当前在线人数为: ${User_Count}
  <a href="servlet/LoginOutServlet">退出登录</a>
</body>
</html>
```

步骤 5：编写类实现 ServletContextListener 接口，当服务器启动时，将登录用户的数量 count 初始化值为 0，并发送到 Application(ServletContext)域中。

```
import javax.servlet.ServletContext;
import javax.servlet.ServletContextEvent;
import javax.servlet.ServletContextListener;
public class ApplicationCounterListener implements ServletContextListener{
    @Override
    public void contextDestroyed(ServletContextEvent event){
    }
    @Override
    public void contextInitialized(ServletContextEvent event){
        ServletContext context=event.getServletContext();
        Integer count=0;
        context.setAttribute("User_Count",count);
        System.out.println("当前登录人数初始化为"+count);
    }
}
```

步骤 6：编写登录事件监听器，当有用户对象写入 Session 时，触发 attributeAdded()
方法，将用户对象加 1，并将新得到的 count 对象重新放入 Application(ServletContext)
域中。当用户退出时，触发 attributeRemoved()方法，将用户对象减 1，并将新得到的
count 对象重新放入 Application(ServletContext)域中。

```
import javax.servlet.ServletContext;
import javax.servlet.http.HttpSessionAttributeListener;
import javax.servlet.http.HttpSessionBindingEvent;
public class  LoginListener implements HttpSessionAttributeListener{
    @Override
    public void attributeAdded(HttpSessionBindingEvent event){
        ServletContext context=event.getSession().getServletContext();
        Integer count=(Integer) context.getAttribute("User_Count");
        count++;
        context.setAttribute("User_Count", count);
        System.out.println("登录人数加 1，当前登录人数为: "+count);
    }
    @Override
    public void attributeRemoved(HttpSessionBindingEvent event){
        ServletContext context=event.getSession().getServletContext();
        Integer count=(Integer) context.getAttribute("User_Count");
        count--;
        context.setAttribute("User_Count", count);
        System.out.println("登录人数减 1，当前登录人数为: "+count);
    }
    @Override
    public void attributeReplaced(HttpSessionBindingEvent event){
    }
}
```

步骤 7：发布工程并运行，可以多开几个浏览器测试登录用户，运行结果如图 5-7
所示。

图 5-7　程序运行结果

单 元 小 结

　　本单元主要讲解了 Filter 过滤器和 Listener 监听器的相关知识及应用。过滤器具有拦截用户请求的功能，可以改变请求中的内容，来满足实际开发中的需要。任务一讲解了过滤器的原理、过滤器的建立和配置、多个过滤器的调用顺序等，并将过滤器技术用在了网站的实际应用中。监听器的作用是监听 Web 事件的发生并做出相应的处理。任务二从监听器的原理、分类入手，介绍了常用的监听器，并列举了常用的监听器的 API 方法。通过两个监听器实际应用的例子，说明了监听器的使用方法。通过本单元的学习，读者能掌握 Filter 过滤器和 Listener 监听器在实际开发中的具体应用。

思 考 练 习

选择题

1. 过滤器的业务逻辑一般写在（　　　　）方法中。

    A．get　　　　B．init　　　　　　　C．doFilter　　　　　D．destroy

2. 定义一个过滤器类，需要实现（　　　　）接口。

    A．Filter　　　B．FilterConfig　　　C．FilterChain　　　D．以上都不是

3. FilterChain 接口中的 doFilter() 方法的含义是（　　　　）。

    A．链中的下一个过滤器被调用　　　B．转发请求

    C．页面跳转　　　　　　　　　　　D．退出过滤器

4. 如果想为整个网站配置某个过滤器，在 web.xml 中注册过滤器，则应设置过滤的 url 为（　　　　）。

    A．/AllProject　　　　　　　　　　B．/*

    C．/all　　　　　　　　　　　　　　D．以上都不正确

5. 下列不是监听器的监听对象的是（　　　　）。

    A．ServletContext　　　　　　　　B．HttpSession

    C．ServletRequest　　　　　　　　D．List

6. 当创建一个 Session 时，触发（　　　　）监听器对象，当向 Session 中写入一个对象时，触发（　　　　）监听器。

    A．HttpSessionListener　　　　　　B．HttpSessionAttributeListener

    C．ServletRequestListener　　　　　D．ServletRequestAttributeListener

JDBC 数据库技术 «‹‹

在 Web 开发中，需要使用数据库来存储和管理数据。在 Java 程序设计中采用 JDBC 访问数据库。本单元主要围绕 JDBC 开发环境的搭建、JDBC 常用 API 方法，以及使用常用的 API 进行增删改查的操作、事务处理、数据连接池等展开讲解。

本单元包括以下几个任务：

- JDBC 入门
- 用 Statement 实现 CRUD
- 用 PreparedStatement 实现 CRUD
- JDBC 中处理事务
- 应用数据库连接池

任务一　JDBC 入 门

任务描述

了解 JDBC 的概念，学会配置 JDBC+MySQL 开发环境，编写程序打开和断开数据库的连接。

必备知识

1. JDBC 概述

JDBC（Java DataBase Connectivity）有两个含义，广义的 JDBC 指的是 Java 程序连接数据库的解决方案；狭义的 JDBC 指的是由一组用 Java 语言编写的类和接口组成的类库，是用于执行 Java 数据库访问的 Java API。通过调用 JDBC，能在 Java 中执行 SQL 语句，实现数据库的操作。

JDBC 封装了与各种数据库服务器通信的细节，是连接 Java 程序和数据库服务器的纽带。JDBC 为不同的关系数据库提供统一访问的接口，通过 JDBC，用 Java 编写的数据库访问程序，可以不依赖任何数据库平台，不必为不同的数据库平台（如

MySQL、Oracle、SQL Server 等）编写不同的程序。

应用程序使用 JDBC 访问数据库的方式如图 6-1 所示。

2. JDBC 驱动

JDBC 提供了数据库访问的统一接口，要求各数据库厂商按照统一的规范来驱动数据库的访问，用户不必直接与底层数据库交互，使得代码的通用性更强。

不同的数据库厂商提供了 JDBC 接口规范的实现，需下载不同的数据库驱动包，如表 6-1 所示。

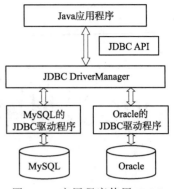

图 6-1 应用程序使用 JDBC 访问数据库示意图

表 6-1 不同数据库厂商的驱动包及连接 URL

数 据 库 名	JDBC 驱动名	连接 URL
IBM DB2	com.ibm.db2.jdbc.app.DB2Driver	jdbc:db2://\<HOST>:\<PORT>/\<DB>
MySQL	com.mysql.jdbc.Driver	jdbc:mysql://hostname:3306/dbname
Microsoft SQL Server	com.microsoft.jdbc.sqlserver.SQLServerDriver	jdbc:microsoft:sqlserver://\<HOST>:\<PORT>[;DatabaseName=\<DB>]
Oracle OCI 8i	oracle.jdbc.driver.OracleDriver	jdbc:oracle:oci8:@\<SID>
Oracle OCI 9i	oracle.jdbc.driver.OracleDriver	jdbc:oracle:oci:@\<SID>
DB2	com.ibm.db2.jdbc.net.DB2Driver	jdbc:db2://aServer.myCompany.com:50002/name
Sybase	com.sybase.jdbc.SybDriver	jdbc:sybase:Tds:\<HOST>:\<PORT>/\<DB>
Interbase	interbase.interclient.Driver	jdbc:interbase://\<HOST>/\<DB>
Cloudscape	com.cloudscape.core.JDBCDriver	jdbc:cloudscape:\<DB>

3. JDBC 中常用的接口和类

（1）DriverManager 类

DriverManager 类用来管理数据库中的所有驱动程序，是 JDBC 的管理层，作用于用户和驱动程序之间，跟踪可用的驱动程序，并在数据库的驱动程序之间建立连接。

DriverManager 类中的方法都是静态方法，所以在程序中无须对它进行实例化，直接通过类名就可以调用。DriverManager 常用的获得数据库连接的方法及功能描述如表 6-2 所示。

表 6-2 DriverManager 常用的获得数据库连接的方法及功能描述

方 法 名 称	功 能 描 述
public static Connection getConnection(String url)	试图建立到给定数据库 URL 的连接。 url：jdbc:subprotocol:subname 形式的数据库 url
public static Connection getConnection(String url, Properties info)	试图建立到给定数据库 URL 的连接。 url：jdbc:subprotocol:subname 形式的数据库 url。 info：作为连接参数的任意字符串标记/值对的列表；通常至少应该包括 user 和 password 属性

方 法 名 称	功 能 描 述
public static Connection getConnection(String url, String user, String password)	试图建立到给定数据库 URL 的连接。DriverManager 试图从已注册的 JDBC 驱动程序集中选择一个适当的驱动程序。 url：jdbc:subprotocol:subname 形式的数据库 url。 user：数据库用户，连接是为该用户建立的。 password：用户的密码

（2）Connection 接口

Connection 代表与数据源进行的唯一会话。如果是客户机/服务器数据库系统，该对象可以等价于到服务器的实际网络连接。得到 Connection 对象，可以打开、关闭数据库连接，可以在连接上下文中执行 SQL 语句并返回结果，Connection 常用数据库操作方法及功能描述如表 6-3 所示。

表 6-3　Connection 常用数据库操作方法及功能描述

方 法 名 称	功 能 描 述
public void close() throws SQLException	立即释放此 Connection 对象的数据库和 JDBC 资源，而不是等待它们被自动释放。 在已经关闭的 Connection 对象上调用 close()方法无操作
public boolean isClosed() throws SQLException	查询此 Connection 对象是否已经被关闭。如果在连接上调用了 close()方法或者发生某些严重的错误，则连接被关闭。只有在调用了 Connection.close 方法之后被调用时，此方法才保证返回 true
public getMetaData DatabaseMetaData getMetaData()	获取一个 DatabaseMetaData 对象，该对象包含关于此 Connection 对象所连接的数据库的元数据。元数据包括关于数据库的表、受支持的 SQL 语句、存储过程、此连接功能等的信息
public CallableStatement prepareCall(String sql)	创建一个 CallableStatement 对象来调用数据库存储过程。 sql：可能包含一个或多个"?" IN 参数占位符的 SQL 语句
public PreparedStatement prepareStatement(String sql)	创建一个 PreparedStatement 对象来将参数化的 SQL 语句发送到数据库。 sql：可能包含一个或多个"?" IN 参数占位符的 SQL 语句
public Statement createStatement()	创建一个 Statement 对象来将 SQL 语句发送到数据库。 sql：可能包含一个或多个"?" IN 参数占位符的 SQL 语句

4. 常用的数据库介绍

（1）MySQL

MySQL 是一个开放源代码的小型关联式数据库管理系统，开发者为瑞典 MySQL AB 公司。MySQL 被广泛应用在 Internet 上的中小型网站中。由于其体积小、速度快、总体拥有成本低，尤其是开放源代码这一特点，许多中小型网站为了降低网站总体拥有成本而选择了 MySQL 作为网站数据库。2008 年 1 月 16 号 MySQL AB 被 Sun 公司收购。而 2009 年，Sun 又被 Oracle 收购。就这样，MySQL 成为 Oracle 公司的另一个数据库项目。

与其他的大型数据库（如 Oracle、DB2、SQL Server 等）相比，MySQL 自有它的不足之处，但是这丝毫也没有减少它受欢迎的程度。对于一般的个人使用者和中小型企业来说，MySQL 提供的功能已经绰绰有余，而且由于 MySQL 是开放源代码软件，因此可以大大降低总体拥有成本。

（2）SQL Server

SQL Server 是一个关系数据库管理系统。它最初是由 Microsoft、Sybase 和 Ashton-Tate 三家公司共同开发的，于 1988 年推出了第一个 OS/2 版本。在 Windows NT 推出后，Microsoft 与 Sybase 在 SQL Server 的开发上就分道扬镳了，Microsoft 将 SQL Server 移植到 Windows NT 系统上，专注于开发推广 SQL Server 的 Windows NT 版本。Sybase 则较专注于 SQL Server 在 UNIX 操作系统上的应用。

Microsoft SQL Server 2005 是一个全面的数据库平台，使用集成的商业智能（BI）工具提供了企业级的数据管理。Microsoft SQL Server 2005 数据库引擎为关系型数据和结构化数据提供了更安全可靠的存储功能，使用户可以构建和管理用于业务的高可用和高性能的数据应用程序。目前，SQL Server 已经升级到 SQL Server 2019 版本。

（3）Oracle Database

Oracle Database 又称 Oracle RDBMS，简称 Oracle，该数据库系统是美国 Oracle 公司（甲骨文）提供的以分布式数据库为核心的一组软件产品，是目前最流行的客户机/服务器（Client/Server）或 B/S 体系结构的数据库之一。Oracle 数据库是目前世界上使用最为广泛的数据库管理系统，作为一个通用的数据库系统，它具有完整的数据管理功能；作为一个关系数据库，它是一个完备关系的产品；作为分布式数据库它实现了分布式处理功能。

（4）DB2

DB2 是 IBM 开发的一系列关系型数据库管理系统，分别在不同的操作系统平台上服务。虽然 DB2 产品是基于 UNIX 的系统和个人计算机操作系统，在基于 UNIX 系统和微软在 Windows 系统下的 Access 方面，DB2 追寻了 Oracle 的数据库产品。

DB2 主要应用于大型应用系统，具有较好的可伸缩性，可支持从大型机到单用户环境，应用于 OS/2、Windows 等平台下。DB2 提供了高层次的数据利用性、完整性、安全性、可恢复性，以及小规模到大规模应用程序的执行能力，具有与平台无关的基本功能和 SQL 命令。DB2 采用了数据分级技术，能够使大型机数据很方便地下载到 LAN 数据库服务器，使得客户机/服务器用户和基于 LAN 的应用程序可以访问大型机数据，并使数据库本地化及远程连接透明化。它以拥有一个非常完备的查询优化器而著称，其外部连接改善了查询性能，并支持多任务并行查询。DB2 具有很好的网络支持能力，每个子系统可以连接十几万个分布式用户，可同时激活上千个活动线程，对大型分布式应用系统尤为适用。

5. 常用的 SQL 语句举例

创建数据库：create database database-name;

删除数据库：drop database dbname;

创建新表：create table tabname(col1 type1 [not null] [primary key],col2 type2 [not null],...);

删除新表：drop table tabname;

增加一个列：alter table tabname add column col type;

添加主键：alter table tabname add primary key(col);

删除主键：alter table tabname drop primary key(col);

创建索引：create [unique] index idxname on tabname(col….);

删除索引：drop index idxname;

创建视图：create view viewname as select statement;

删除视图：drop view viewname。

表的数据操作的 SQL 语句如下：

选择：select * from table1 where 范围;

插入：insert into table1(field1,field2) values(value1,value2);

删除：delete from table1 where 范围;

更新：update table1 set field1=value1 where 范围;

查找：select * from table1 where field1 like '%value1%';

排序：select * from table1 order by field1,field2 [desc];

总数：select count as totalcount from table1;

求和：select sum(field1) as sumvalue from table1;

平均：select avg(field1) as avgvalue from table1;

最大：select max(field1) as maxvalue from table1;

最小：select min(field1) as minvalue from table1;

6. JDBC 开发的一般步骤

通常，使用 JDBC 开发程序需要以下几个准备工作：

① 下载 JDBC 驱动程序 mysql-connector-java-bin.jar，并将驱动包存入 classpath 目录中（若是 Web 工程就放在 lib 目录中）。

② 建立数据库，新建表。

③ 编写程序，加载并注册数据库驱动。

④ 通过 DriverManager 获得数据库连接 Connection 对象。

⑤ 获得连接，实现数据的增删查改。

⑥ 关闭连接释放资源。

由于数据库资源有限，数据库运行的并发访问连接数量有限，因此，当数据库使用完毕后，一定要关闭数据库连接，释放资源，可以将释放连接部分放入 finally 代码块。

任务透析

配置 JDBC+MySQL 开发环境，通过 JDBC 实现对数据库的访问连接，将连接信息输出到控制台。

步骤 1：在 MySQL 中建立一个名为 myshop 的数据库，在数据库中创建一个 user 表，如图 6-2 所示。

扫一扫

视频 6.1　创建
JDBC 连接

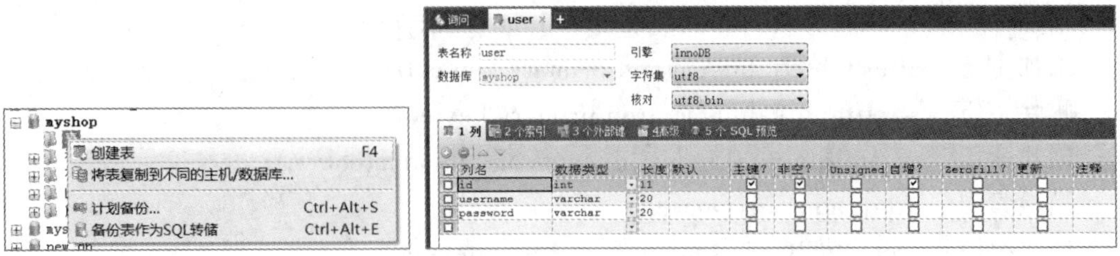

图 6-2　创建 myshop 数据库和 user 数据表

　　步骤 2：创建 Web 工程，将下载好的 mysql-connector-java-5.0.8-bin.jar 数据库驱动文件，复制到工程的 lib 目录下，如图 6-3 所示。数据库驱动文件可以在 MySQL 的官网进行下载，下载地址为:https://dev.mysql.com/downloads/connector/j/5.0.html。

　　步骤 3：编写数据库连接程序，通过 JDBC 访问数据库。

图 6-3　在 Web 工程中添加数据库驱动包

```java
import java.sql.Connection;
import java.sql.DriverManager;
import java.sql.SQLException;
public class  ConnectionUtil{
  // 得到数据库连接对象
  public static Connection getConnection(){
    //加载驱动程序
    try{
      Class.forName("com.mysql.jdbc.Driver");
      Connection con=DriverManager.
      getConnection("jdbc:mysql://localhost:3306/myshop","root","123");
      return  con;
    }catch (ClassNotFoundException e){
      // TODO Auto-generated catch block
      e.printStackTrace();
    }catch (SQLException e){
      // TODO Auto-generated catch block
      e.printStackTrace();
    }
    return null;
  }
  public static void main(String[] args){
    Connection con=ConnectionUtil.getConnection(); // 得到连接对象
    // 数据库访问操作
    System.out.println(con);
    try{
      con.close();
    }catch (SQLException e){
      // TODO Auto-generated catch block
      e.printStackTrace();
```

```
    } // 关闭数据库连接
  }
}
```

程序运行结果如图 6-4 所示，得到数据库连接对象。

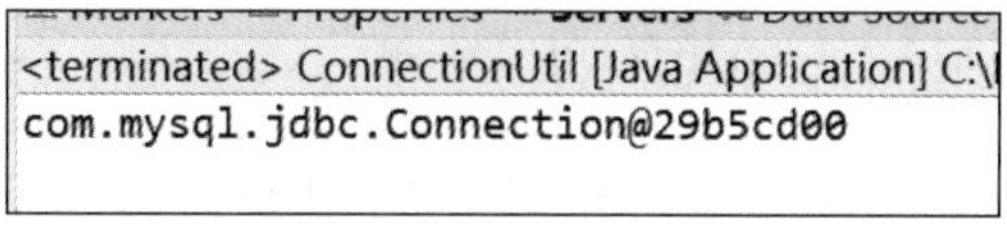

```
Markers  Properties  Servers  Data Source
<terminated> ConnectionUtil [Java Application] C:\
com.mysql.jdbc.Connection@29b5cd00
```

图 6-4　程序运行结果

课堂提问

① 简述 DriverManager 类的作用和用法。

② 描述 JDBC 编程的具体步骤。

③ 在 JDBC 编程中，数据库驱动程序起到什么作用？

任务二　用 Statement 实现 CRUD

任务描述

采用 Statement 接口和 ResultSet 接口实现用户表的增删改查。

必备知识

1. Statement 接口

Statement 是 Java 执行数据库操作的一个重要接口，用于在已经建立数据库连接的基础上，向数据库发送要执行的静态 SQL 语句，并返回它所生成结果的对象。

实际上有 3 种 Statement 对象，它们都作为在给定连接上执行 SQL 语句的容器：Statement、PreparedStatement 和 CallableStatement。这 3 种 Statement 对象都专用于发送特定类型的 SQL 语句，含义分别如下：

① Statement 对象用于执行不带参数的简单 SQL 语句。

② PreparedStatement 对象用于执行带或不带 IN 参数的预编译 SQL 语句。

③ CallableStatement 对象用于执行对数据库已存在的存储过程的调用。

下面讨论第一种 Statement，它是另外两种 Statement 的基类。

Statement 的常用方法及功能描述如表 6-4 所示。

表 6-4　Statement 的常用方法及功能描述

方 法 名 称	功 能 描 述
public void close()	立即释放此 Statement 对象的数据库和 JDBC 资源，而不是等待该对象自动关闭时发生此操作
public boolean execute(String sql)	执行给定的 SQL 语句，该语句可能返回多个结果。 sql：任何 SQL 语句

续表

方 法 名 称	功 能 描 述
public boolean execute(String sql, int autoGeneratedKeys)	执行给定的 SQL 语句（该语句可能返回多个结果），并通知驱动程序所有自动生成的键都应该可用于获取。 sql：任何 SQL 语句。 autoGeneratedKeys：指示是否使用 getGeneratedKeys()方法使自动生成的键可用于获取 Statement.RETURN _GENERATED_KEYS 或 Statement.NO_GENERATED_KEYS 常量
public boolean execute(String sql, int[] columnIndexes)	执行给定的 SQL 语句（该语句可能返回多个结果），并通知驱动程序在给定数组中获取自动生成的键。 sql：任何 SQL 语句。 columnIndexes：通过调用 getGeneratedKeys()方法获取插入行中的列索引数组
public boolean execute(String sql, String[] columnNames)	执行给定的 SQL 语句（该语句可能返回多个结果），并通知驱动程序在给定数组中获取自动生成的键。 sql：任何 SQL 语句。 columnNames：通过调用 getGeneratedKeys()方法获取插入行中的列名称数组
public int[] executeBatch()	将一批命令提交给数据库来执行，如果全部命令执行成功，则返回更新计数组成的数组
public ResultSet executeQuery (String sql)	执行给定的 SQL 语句，该语句返回单个 ResultSet 对象。 sql：任何 SQL 语句
public int executeUpdate(String sql)	执行给定 SQL 语句，该语句可能为 INSERT、UPDATE 或 DELETE 语句，或者不返回任何内容的 SQL 语句（如 SQL DDL 语句）。 sql：任何 SQL 语句
public ResultSet getResultSet()	以 ResultSet 对象的形式获取当前结果
public boolean isClosed()	获取是否已关闭了此 Statement 对象

2. ResultSet 接口

java.sql.ResultSet 表示数据库结果集的数据表，通常通过执行查询数据库的语句生成。

ResultSet 对象具有指向其当前数据行的光标。最初，光标被置于第一行之前。next()方法将光标移动到下一行,因为该方法在 ResultSet 对象没有下一行时返回 false,所以可以在 while 循环中使用它来迭代结果集。

默认的 ResultSet 对象不可更新，仅有一个向前移动的光标。因此，只能迭代它一次，并且只能按从第一行到最后一行的顺序进行。可以生成可滚动和/或可更新的 ResultSet 对象。当生成 ResultSet 对象的 Statement 对象关闭、重新执行或用来从多个结果的序列获取下一个结果时，ResultSet 对象将自动关闭。

ResultSet 接口常用方法及功能描述如表 6-5 所示。

表 6-5　ReesultSet 接口常用方法及功能描述

方 法 名 称	功 能 描 述
public void deleteRow()	从此 ResultSet 对象和底层数据库中删除当前行

方 法 名 称	功 能 描 述
public Boolean first()	将光标移动到此 ResultSet 对象的第一行
public InputStream getBinaryStream(int columnIndex)	以未解释 byte 流的形式获取此 ResultSet 对象的当前行中指定列的值
public InputStream getBinaryStream(String columnLabel)	以未解释的 byte 流的形式获取此 ResultSet 对象的当前行中指定列的值
public Blob getBlob(int columnIndex)	以 Blob 对象的形式获取此 ResultSet 对象的当前行中指定列的值
public Blob getBlob(String columnLabel)	以 Blob 对象的形式获取此 ResultSet 对象的当前行中指定列的值
public boolean getBoolean(int columnIndex)	以 boolean 的形式获取此 ResultSet 对象的当前行中指定列的值
public boolean getBoolean(String columnLabel)	以 boolean 的形式获取此 ResultSet 对象的当前行中指定列的值
public byte getByte(int columnIndex)	以 byte 的形式获取此 ResultSet 对象的当前行中指定列的值
public byte getByte(String columnLabel)	以 byte 的形式获取此 ResultSet 对象的当前行中指定列的值
public byte[] getBytes(int columnIndex)	以 byte 数组的形式获取此 ResultSet 对象的当前行中指定列的值
public byte[] getBytes(String columnLabel)	以 byte 数组的形式获取此 ResultSet 对象的当前行中指定列的值
public Reader getCharacterStream(int columnIndex)	以 java.io.Reader 对象的形式获取此 ResultSet 对象的当前行中指定列的值
public Reader getCharacterStream(String columnLabel)	以 java.io.Reader 对象的形式获取此 ResultSet 对象的当前行中指定列的值
public Clob getClob(int columnIndex)	以 Clob 对象的形式获取此 ResultSet 对象的当前行中指定列的值
public Clob getClob(String columnLabel)	以 Clob 对象的形式获取此 ResultSet 对象的当前行中指定列的值
public Date getDate(int columnIndex)	以 java.sql.Date 对象的形式获取此 ResultSet 对象的当前行中指定列的值
public Date getDate(int columnIndex, Calendar cal)	以 java.sql.Date 对象的形式获取此 ResultSet 对象的当前行中指定列的值
public Date getDate(String columnLabel)	以 java.sql.Date 对象的形式获取此 ResultSet 对象的当前行中指定列的值
public Date getDate(String columnLabel, Calendar cal)	以 java.sql.Date 对象的形式获取此 ResultSet 对象的当前行中指定列的值
public double getDouble(int columnIndex)	以 double 的形式获取此 ResultSet 对象的当前行中指定列的值
public double getDouble(String columnLabel)	以 double 的形式获取此 ResultSet 对象的当前行中指定列的值
public float getFloat(int columnIndex)	以 float 的形式获取此 ResultSet 对象的当前行中指定列的值
public float getFloat(String columnLabel)	以 float 的形式获取此 ResultSet 对象的当前行中指定列的值
public int getInt(int columnIndex)	以 int 的形式获取此 ResultSet 对象的当前行中指定列的值
public int getInt(String columnLabel)	以 int 的形式获取此 ResultSet 对象的当前行中指定列的值
public long getLong(int columnIndex)	以 long 的形式获取此 ResultSet 对象的当前行中指定列的值
public long getLong(String columnLabel)	以 long 的形式获取此 ResultSet 对象的当前行中指定列的值
public int getRow()	获取当前行编号

方 法 名 称	功 能 描 述
public short getShort(int columnIndex)	以 short 的形式获取此 ResultSet 对象的当前行中指定列的值
public short getShort(String columnLabel)	以 short 的形式获取此 ResultSet 对象的当前行中指定列的值
public boolean isFirst()	获取光标是否位于此 ResultSet 对象的第一行
public boolean isLast()	获取光标是否位于此 ResultSet 对象的最后一行
public boolean last()	将光标移动到此 ResultSet 对象的最后一行
public void moveToInsertRow()	将光标移动到插入行
public boolean next()	将光标从当前位置向前移一行

从表 6-5 可以看出，ResultSet 接口中定义了大量的 get×××方法，每个方法接收 int columnIndex 和 StringcolumnLabel 两种参数，分别表示列的索引号和列名，采用哪个 get×××方法取决于表中该列的字段类型，表 6-6 列出了 SQL 数据类型和 Java 数据类型对应关系。

表 6-6　SQL 数据类型和 Java 数据类型对应表

类型名称	数据库类型	Java 类型	JDBC 类型索引（int）
VARCHAR	VARCHAR	java.lang.String	12
CHAR	CHAR	java.lang.String	1
BLOB	BLOB	java.lang.byte[]	-4
TEXT	VARCHAR	java.lang.String	-1
INTEGER	INTEGER UNSIGNED	java.lang.Long	4
TINYINT	TINYINT UNSIGNED	java.lang.Integer	-6
SMALLINT	SMALLINT UNSIGNED	java.lang.Integer	5
MEDIUMINT	MEDIUMINT UNSIGNED	java.lang.Integer	4
BIT	BIT	java.lang.Boolean	-7
BIGINT	BIGINT UNSIGNED	java.math.BigInteger	-5
FLOAT	FLOAT	java.lang.Float	7
DOUBLE	DOUBLE	java.lang.Double	8
DECIMAL	DECIMAL	java.math.BigDecimal	3
BOOLEAN	同 TINYINT		
ID	PK (INTEGER UNSIGNED)	java.lang.Long	4
DATE	DATE	java.sql.Date	91
TIME	TIME	java.sql.Time	92
DATETIME	DATETIME	java.sql.Timestamp	93
TIMESTAMP	TIMESTAMP	java.sql.Timestamp	93
YEAR	YEAR	java.sql.Date	91

3. 采用 Statement 接口实现 CRUD

使用 Statement 的一般过程如下：

（1）创建 Statement 对象

Statement 对象用 Connection 的 createStatement()方法创建，如下列代码段中所示：

```
Connection con=DriverManager.getConnection(url, "root", "123");
Statement stmt=con.createStatement();
```

（2）使用 Statement 对象执行语句

Statement 接口提供了 3 种执行 SQL 语句的方法：executeQuery、executeUpdate 和 execute。使用哪个方法由 SQL 语句所产生的内容决定。

executeQuery()方法用于产生单个结果集的语句，例如 SELECT 语句。executeUpdate()方法用于执行 INSERT、UPDATE 或 DELETE 语句以及 SQL DDL（数据定义语言）语句，例如 CREATE TABLE 和 DROP TABLE。INSERT、UPDATE 或 DELETE 语句的效果是修改表中零行或多行中的一列或多列。executeUpdate()方法的返回值是一个整数，指示受影响的行数（即更新计数）。对于 CREATE TABLE 或 DROP TABLE 等不操作行的语句，executeUpdate 的返回值总为零。

（3）使用 ResultSet 将查询结果遍历出来

Statement 接口的 executeQuery()方法用于产生单个结果集，返回 ResultSet 对象，该对象可以看作一个集合，具有指向其当前数据行的指针。最初，指针被置于第一行之前。next()方法将指针移动到下一行；因为该方法在 ResultSet 对象中没有下一行时返回 false，所以可以在 while 循环中使用它来迭代结果集。代码如下：

```
ResultSetrs=stmt.executeQuery(sql);
while(rs.next()){
    intid=rs.getInt("id");              //根据列名得到该列的值
    String username=rs.getString("username");
    String password=rs.getString("password");
    String address=rs.getString(4);//根据 ResultSet 中的列号得到该列的值
}
```

（4）语句完成

当连接处于自动提交模式时（默认情况下为自动提交模式，只有在执行事务时，会将自动提交模式关闭），其中所执行的语句在完成时将自动提交。语句在已执行且所有结果返回时，即认为已完成。对于返回一个结果集的 executeQuery()方法，在检索完 ResultSet 对象的所有行时该语句完成。对于 executeUpdate()方法，当它执行时语句即完成。但在少数调用 execute()方法的情况中，在检索所有结果集或它生成的更新计数之后语句才完成。

（5）关闭 Statement 对象

Statement 对象将由 Java 垃圾收集程序自动关闭。而作为一种好的编程风格，应在不需要 Statement 对象时显式地关闭它们。这将立即释放 DBMS 资源，有助于避免潜在的内存问题。

```
try{
    stmt.close();
```

```
    }
catch(SQLException e){
    e.printStackTrace();
}
```

（6）关闭连接

扫一扫

```
try{
    conn.close();
}
catch(SQLException e){
    e.printStackTrace();
}
```

视频 6.2 实现对
user 表的增删改查

任务透析

建立数据库和数据表 user，实现对 user 表的增删改查操作。

步骤 1：建立数据库 myshop，新建表 user，如图 6-5 所示。

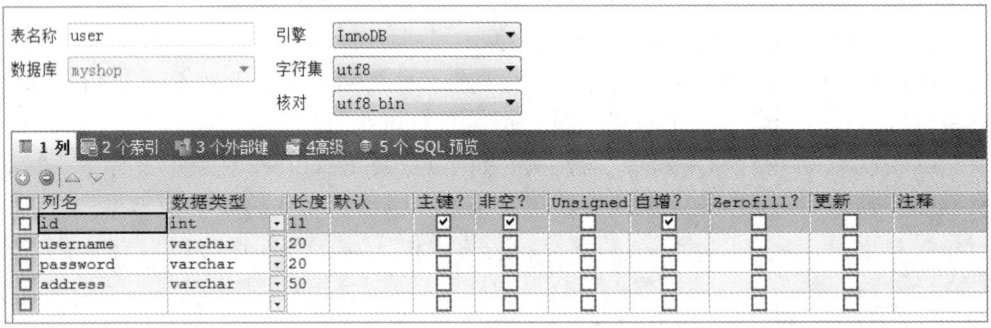

图 6-5 建立数据库 myshop 并新建表

步骤 2：创建数据库连接的工具类。

```java
import java.sql.Connection;
import java.sql.DriverManager;
import java.sql.SQLException;
import java.sql.Statement;
public class  ConnectionUtil{
    // 得到数据库连接对象
    public static Connection getConnection() throws Exception{
        // 加载驱动程序
        Class.forName("com.mysql.jdbc.Driver");
        Connection con=DriverManager.getConnection("jdbc:mysql://localhost:
3306/myshop", "root", "123");
        return  con;
    }
    public static void closeConnection(Statement statement, Connection
connection){
        if(statement!=null){
            try{
```

```
          statement.close();
        }catch(SQLException e){
          e.printStackTrace();
        }
        statement=null;
      }
      if(connection!=null){
        try{
          connection.close();
        }catch(SQLException e){
          e.printStackTrace();
        }
        connection=null;
      }
    }
  }
}
```

步骤 3：新建实体类 User，编写 get、set 及构造函数。

```
public class User{
  private int id;
  private String username;
  private String password;
  private String address;
  public int getId(){
    return id;
  }
  public void setId(int id){
    this.id=id;
  }
  public String getUsername(){
    return username;
  }
  public void setUsername(String username){
    this.username=username;
  }
  public String getPassword(){
    return password;
  }
  public void setPassword(String password){
    this.password=password;
  }
  public String getAddress(){
    return address;
  }
  public void setAddress(String address){
    this.address=address;
  }
  public User(){}
  public User(String username, String password, String address){
    this.username=username;
```

```
      this.password=password;
      this.address=address;
  }
  public User(int id,String username, String password, String address){
      this.id=id;
      this.username=username;
      this.password=password;
      this.address=address;
  }
}
```

步骤 4：编写 UserDao 类，此类中提供了对数据库进行增删查改的方法。

```
import java.sql.Connection;
import java.sql.ResultSet;
import java.sql.Statement;
import java.util.ArrayList;
import java.util.List;
import com.demo.bean.User;
import com.demo.util.ConnectionUtil;
public class UserDao{
    public boolean addUser(User u){
      Connection connection=null;
      Statement statement=null;
      try{
        connection=ConnectionUtil.getConnection();
        statement=connection.createStatement();
        String sql="insert into user(username,password,address)  values
('"+u.getUsername()+"','"+u.getPassword()+"','"+u.getAddress()+"')";
        int i=statement.executeUpdate(sql);
        if(i>0){
          return true;
        }
        return false;
      }catch (Exception e){
        e.printStackTrace();
      }
      finally{
        ConnectionUtil.closeConnection(statement, connection);
      }
      return false;
    }
    public List<User> listAllUser(){
      Connection connection=null;
      Statement statement=null;
      List<User> list=new ArrayList<User>();
      try{
        connection=ConnectionUtil.getConnection();
        statement=connection.createStatement();
        String sql="select*from user";
        ResultSet rs=statement.executeQuery(sql);
```

```
          while(rs.next()){
            User u=new User();
            u.setId(rs.getInt("id"));
            u.setUsername(rs.getString("username"));
            u.setPassword(rs.getString("password"));
            u.setAddress(rs.getString("address"));
            list.add(u);
          }
          return list;
        }catch (Exception e){
          e.printStackTrace();
        }
        finally{
          ConnectionUtil.closeConnection(statement, connection);
        }
        return null;
      }
      public boolean delUserById(Integer id){
        Connection connection=null;
        Statement statement=null;
        try{
          connection=ConnectionUtil.getConnection();
          statement=connection.createStatement();
          String sql="delete from user where id =" +id;
          int i=statement.executeUpdate(sql);
          if(i>0){
            return true;
          }
          return false;
        }catch (Exception e){
          e.printStackTrace();
        }
        finally{
          ConnectionUtil.closeConnection(statement, connection);
        return false;
      }
      public boolean updateUser(User user){
        Connection connection=null;
        Statement statement=null;
        try {
          connection=ConnectionUtil.getConnection();
          statement=connection.createStatement();
          String sql="update user set username='"+user.getUsername()+"',
password='"+user.getPassword()+"',address='"+user.getAddress()+"'where
id="+user.getId();
          int i=statement.executeUpdate(sql);
          if(i>0){
            return true;
          }
          return false;
```

```
    }catch (Exception e){
      e.printStackTrace();
    }
    finally{
      ConnectionUtil.closeConnection(statement, connection);
    }
    return false;
  }

  public static void main(String[]args){
    User user=new User("xiaoming","123","china guangzhou");
    System.out.println(new UserDao().addUser(user));;;
    //测试更新
    user=new User(1,"xiaoming","456","china guangzhou");
    System.out.println(new UserDao().updateUser(user));
    //测试删除
    System.out.println(new UserDao().delUserById(1));;
    //测试查询
    List<User> list=new UserDao().listAllUser();
    System.out.println(list.size());
    for(int i=0;i<list.size();i++){
      System.out.println(list.get(i).getUsername());
    }
  }
}
```

步骤 5：编写 main()函数分别测试增加、删除、修改和查询，并到数据库中去查看记录是否被成功修改。

（1）测试增加一条记录

```
User user=new User("xiaoming","123","china guangzhou");
System.out.println(new UserDao().addUser(user));;;
```

（2）测试更新一条记录

```
user=new User(1,"xiaoming","456","china guangzhou");
System.out.println(new UserDao().updateUser(user));
```

（3）测试删除一条记录

```
System.out.println(new UserDao().delUserById(1));;;
```

（4）测试查询所有记录

```
List<User>list=new UserDao().listAllUser();
System.out.println(list.size());
for(int i=0;i<list.size();i++){
  System.out.println(list.get(i).getUsername());
}
```

课堂提问

① 编写一个数据库访问程序，需要哪些主要步骤？

② Statement 类处理 SQL 语句，有哪些缺点？

③ 为什么要及时释放数据库连接资源？

任务三　用 PreparedStatement 实现 CRUD

任务描述

采用 PreparedStatement 接口改进数据库访问方式，实现数据的增删改查。

必备知识

1. PreparedStament 接口

java.servlet 中的 PreparedStatement 接口继承了 Statement，并与其在如下两方面有所不同：

① PreparedStatement 实例包含已编译的 SQL 语句，这就是使语句"预先准备好"。包含于 PreparedStatement 对象中的 SQL 语句可具有一个或多个 IN 参数。IN 参数的值在 SQL 语句创建时未被指定。相反的，该语句为每个 IN 参数保留一个问号"?"作为占位符。每个问号的值必须在该语句执行之前，通过适当的 set×××方法提供。

② 由于 PreparedStatement 对象已预编译过，所以其执行速度要快于 Statement 对象。因此，多次执行的 SQL 语句经常创建为 PreparedStatement 对象，以提高效率。

作为 Statement 的子类，PreparedStatement 继承了 Statement 的所有功能。同时，3 种方法 execute()、executeQuery()和 executeUpdate()已被更改，不再需要参数。

在 JDBC 应用中，建议始终以 PreparedStatement 代替 Statement。也就是说，尽量不要使用 Statement。PreparedStatement 接口常用方法及功能描述如表 6-7 所示。

表 6-7　PreparedStatement 接口常用方法及功能描述

方　法　名　称	功　能　描　述
public void boolean execute()	在此 PreparedStatement 对象中执行 SQL 语句，该语句可以是任何种类的 SQL 语句
public void ResultSet executeQuery()	在此 PreparedStatement 对象中执行 SQL 查询，并返回该查询生成的 ResultSet 对象
public void int executeUpdate()	在此 PreparedStatement 对象中执行 SQL 语句，该语句必须是一个 SQL 数据操作语言（DML）语句，如 INSERT、UPDATE 或 DELETE 语句；或者是无返回内容的 SQL 语句，如 DDL 语句
public void setBinaryStream(int parameterI ndex, InputStream x)	将指定参数设置为给定输入流
public void setBinaryStream(int parameterIndex, InputStream x, int length)	将指定参数设置为给定输入流，该输入流将具有给定字节数
public void setBinaryStream(int parameterIndex, InputStream x, long length)	将指定参数设置为给定输入流，该输入流将具有指定字节数
public void setBlob(int parameterIndex, Blob x)	将指定参数设置为给定 java.sql.Blob 对象
public void setBlob(int parameterIndex, InputStream inputStream)	将指定参数设置为 InputStream 对象

续表

方 法 名 称	功 能 描 述
public void setBlob(int parameterIndex, InputStream inputStream, long length)	将指定参数设置为 InputStream 对象
public void setBoolean(int parameterIndex, boolean x)	将指定参数设置为给定 Java boolean 值
public void setByte(int parameterIndex, byte x)	将指定参数设置为给定 Java byte 值
public void setBytes(int parameterIndex, byte[] x)	将指定参数设置为给定 Java byte 数组
public void setCharacterStream(int parameterIndex, Reader reader)	将指定参数设置为给定 Reader 对象
public void setCharacterStream(int parameterIndex, Reader reader, int length)	将给定参数设置为给定 Reader 对象，该对象具有给定字符数长度
public void setCharacterStream(int parameterIndex, Reader reader, long length)	将指定参数设置为给定 Reader 对象，该对象具有给定字符数长度
public void setClob(int parameterIndex, Clob x)	将指定参数设置为给定 java.sql.Clob 对象
public void setClob(int parameterIndex, Reader reader)	将指定参数设置为 Reader 对象
public void setClob(int parameterIndex, Reader reader, long length)	将指定参数设置为 Reader 对象
public void setDate(int parameterIndex, Date x)	使用运行应用程序的虚拟机的默认时区将指定参数设置为给定 java.sql.Date 值
public void setDate(int parameterIndex, Date x, Calendar cal)	使用给定的 Calendar 对象将指定参数设置为给定 java.sql.Date 值
public void setDouble(int parameterIndex, double x)	将指定参数设置为给定 Java double 值
public void setFloat(int parameterIndex, float x)	将指定参数设置为给定 Java REAL 值
public void setInt(int parameterIndex, int x)	将指定参数设置为给定 Java int 值
public void setLong(int parameterIndex, long x)	将指定参数设置为给定 Java long 值
public void setTime(int parameterIndex, Time x)	将指定参数设置为给定 java.sql.Time 值
public void setTime(int parameterIndex, Time x, Calendar cal)	使用给定的 Calendar 对象将指定参数设置为给定 java.sql.Time 值

2. 采用 PreparedStatement 接口实现 CRUD

使用 PreparedStatement 的一般过程如下：

（1）创建 PreparedStatement 对象

PreparedStatement 对象用 Connection 的 prepareStatement()方法创建，prepare Statement()方法需要接收一个 SQL 语句作为参数，这个 SQL 语句一般带有 "?" 占位符，称为预定义的 SQL 语句，如下列代码段中所示：

```
Connection connection=ConnectionUtil.getConnection();
String sql="update user set username=?,password=? where id=?";
PreparedStatement pstmt=connection.prepareStatement(sql);
```

（2）为预定义的 SQL 语句的占位符赋值

```
preparedStatement.setString(1,"tom");
preparedStatement.setString(2,"123");
preparedStatement.setString(3,"1");
```

（3）使用 PreparedStatement 对象执行语句

PreparedStatement 接口提供了 3 种执行 SQL 语句的方法：executeQuery、executeUpdate 和 execute。使用哪个方法由 SQL 语句所产生的内容决定。同时，3 种方法 execute、executeQuery 和 executeUpdate 已被更改，不再需要参数。

```
ResultSet rs=statement.executeQuery(sql);
int i=preparedStatement.executeUpdate();
boolean b=preparedStatement.execute();
```

（4）关闭 PreparedStatement 对象

PreparedStatement 对象将由 Java 垃圾收集程序自动关闭。而作为一种好的编程风格，应在不需要 PreparedStatement Statement 对象时显式地关闭它们。这将立即释放 DBMS 资源，有助于避免潜在的内存问题，关闭代码如下：

```
try{
    preparedStatement.close();
}
catch(SQLException e){
    e.printStackTrace();
}
```

3. 数据库读/写中文乱码问题的解决

原则：从整个系统的数据存储到使用，都需要将其编码方式统一为 utf-8（或者统一为 gb2312）。

① JSP 页面设置编码方式为 utf-8。

② Servlet 程序接收来自页面的数据，确定是否将数据正确地解码编码为 utf-8，可以通过 Servlet 控制台输出的数据来检查。

```
String username=request.getParameter("username");
username=new String(username.getBytes("iso8859-1"),"utf-8");
```

③ 数据库中字符编码的设置需要保证以下三方面：

首先，MySQL 的内核设置为 utf-8 编码方式。

其次，建立数据库、数据表编码方式是 utf-8。

然后，修改 MySQL 内核的编码方式：

在 MySQL 的安装目录下，找到 my.ini 文件，修改如下内容：

```
[mysql]
default-character-set=latin1    #将默认的 latin1 修改为 utf-8
[mysqld]
character-set-server=latin1    #将默认的 latin1 修改为 utf-8
```

修改后，需要重启 MySQL 服务，重启方法如下：

打开"控制面板"→"系统和安全"→"管理工具"→"服务"→找到 MySQL 服务，如图 6-6 所示。右击 MySQL 服务，在弹出的快捷菜单中选择"重新启动"命令。

修改后，可以在 MySQL 的命令行查看当前的编码方式，如图 6-7 所示。

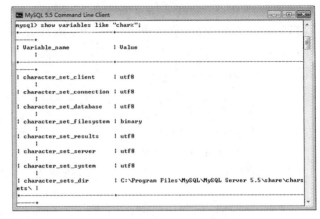

图 6-6　查看系统服务　　　　图 6-7　在 MySQL 命令行中查看 MySQL 编码方式

在 SQLyog 中建立数据库和数据表时，均选择 utf-8 字符集，如图 6-8 所示。

图 6-8　建立数据库和数据表时选择 utf-8 字符集

如此修改后，程序可以正确存取中文数据。

注意：

　　如果需要单独查看 MySQL 中的数据，取决于 MySQL 客户端软件的编码方式。比如，现在用 MySQL 默认的命令行查看表中的中文信息，仍然有乱码出现，如图 6-9 所示。这是因为 Windows 命令行的编码方式并不是 utf-8，可以在命令行窗口中右击，在弹出的快捷菜单中选择"属性"命令，查看当前窗口的编码方式为 GBK（见图 6-10），因此无法正确显示数据库中的中文信息。

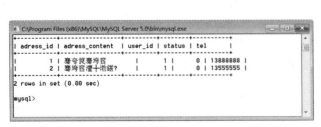

图 6-9　通过 MySQL 命令行查看表　　　　图 6-10　查看 Windows 窗口的编码方式

要解决这一问题，可以在 mysql.exe 命令行中运行如下命令：

```
set character_set_results=gbk;
```

此时，在命令行中即可查看正确的中文，如图 6-11 所示。

图 6-11　MySQL 命令行中文正确显示

任务透析

扫一扫

修改上节案例，将 Statement 的实现修改为 PreparedStatement。

步骤 1：打开 MySQL 的安装目录，找到 my.ini 文件，将字符编码修改为 utf-8。

新建数据库和数据表时，选择字符编码为 utf-8。

步骤 2：编写添加用户方法。

视频 6.3　使用
PreparedStatement
对 user 表增删改查

```java
public boolean addUser(User u){
    Connection connection=null;
    PreparedStatement preparedStatement=null;
    try{
        connection=ConnectionUtil.getConnection();
        preparedStatement=connection.prepareStatement("insert into
user(username,password,address) values(?,?,?)");
        preparedStatement.setString(1,u.getUsername());
        preparedStatement.setString(2,u.getPassword());
        preparedStatement.setString(3,u.getAddress());
        int i=preparedStatement.executeUpdate();
        if(i>0){
            return true;
        }
        return false;
    }catch(Exception e){
        e.printStackTrace();
    }
    finally{
        ConnectionUtil.closeConnection(preparedStatement, connection);
    }
    return false;
}
```

步骤 3：编写删除用户方法。

```
public boolean delUserById(Integer id){
   Connection connection=null;
   PreparedStatement preparedStatement=null;
   try{
     connection=ConnectionUtil.getConnection();
     String sql="delete from user where id=? ";
     preparedStatement=connection.prepareStatement(sql);
     preparedStatement.setInt(1,id);
     int i=preparedStatement.executeUpdate();
     if(i>0){
       return true;
     }
     return false;
   }catch(Exception e){
    e.printStackTrace();
   }
   finally{
     ConnectionUtil.closeConnection(preparedStatement, connection);
   }
   return  false;
}
```

步骤 4：编写更新用户方法。

```
public boolean updateUser(User user){
   Connection connection=null;
   PreparedStatement preparedStatement=null;
   try{
     connection=ConnectionUtil.getConnection();
     String sql="update user set username=?,password=?,address=? where
id=?";
     preparedStatement=connection.prepareStatement(sql);
     preparedStatement.setString(1,user.getUsername());
     preparedStatement.setString(2,user.getPassword());
     preparedStatement.setString(3,user.getAddress());
     preparedStatement.setInt(4,user.getId());
     int i=preparedStatement.executeUpdate();
     if(i>0){
       return  true;
     }
     return  false;
   }catch(Exception e){
     e.printStackTrace();
   }
   finally{
     ConnectionUtil.closeConnection(preparedStatement,connection);
   }
   return  false;
}
```

步骤 5：测试修改，测试成功，中文也能正确显示，如图 6-12 所示。

图 6-12　程序运行结果

课堂提问

① 比较 PreparedStatement 的用法和 Statement 有什么不同。

② PreparedStatement 访问数据库的基本步骤是什么？

③ 解决中文字符乱码显示的问题需要注意哪些方面？

任务四　JDBC 中处理事务

任务描述

掌握事务的作用、学会在适当的时候用事务来确保数据的完整性和一致性。

必备知识

1. 事务的概念

数据库事务（Database Transaction）是指作为单个逻辑工作单元执行的一系列操作，即一件事需要多条 DML 语句来完成。事务处理需要确保事务性单元内的所有操作都成功完成，如果出现异常立即回滚，出现异常后，不会永久更新面向数据的资源。

事务的实质是把一组 SQL 语句作为一个整体逻辑单元，如果这组语句中的任何语句执行失败，那么整个事务就失败了。

事务在日常应用中非常广泛，比如，转账操作包括如下两个操作：① 扣钱；② 加钱。

两个操作要么都做，要么都不做。若中间出现了异常情况，事务必须回滚，防止转账方已扣钱而接收方没有加钱的情况。

一个逻辑工作单元要成为事务，必须满足所谓的 ACID（原子性、一致性、隔离性和持久性）属性。事务是数据库运行中的逻辑工作单位，由 DBMS 中的事务管理子系统负责事务的处理。

（1）原子性（Atomicity）

事务必须是原子工作单元；对于其数据修改，要么全都执行，要么全都不执行。通常，与某个事务关联的操作具有共同的目标，并且是相互依赖的。如果系统只执行这些操作的一个子集，则可能会破坏事务的总体目标。原子性消除了系统处理操作子集的可能性。

（2）一致性（Consistency）

事务在完成时，必须使所有的数据都保持一致状态。在相关数据库中，所有规则都必须应用于事务的修改，以保持所有数据的完整性。事务结束时，所有的内部数据结构（如 B 树索引或双向链表）都必须是正确的。某些维护一致性的责任由应用程序开发人员承担，他们必须确保应用程序已强制所有已知的完整性约束。例如，当开发用于转账的应用程序时，应避免在转账过程中任意移动小数点。

（3）隔离性（Isolation）

由并发事务所做的修改必须与任何其他并发事务所做的修改隔离。事务查看数据时数据所处的状态，要么是另一并发事务修改它之前的状态，要么是另一事务修改它之后的状态，事务不会查看中间状态的数据。这称为隔离性，因为它能够重新装载起始数据，并且重播一系列事务，以使数据结束时的状态与原始事务执行的状态相同。当事务可序列化时将获得最高的隔离级别。在此级别上，从一组可并行执行的事务获得的结果与通过连续运行每个事务所获得的结果相同。由于高度隔离会限制可并行执行的事务数，所以一些应用程序降低隔离级别以换取更大的吞吐量。

（4）持久性（Durability）

事务完成之后，它对于系统的影响是永久性的。该修改即使出现致命的系统故障也将一直保持。

2. JDBC 中的事务处理

JDBC 连接默认是自动提交模式 auto-commit，即在默认情况下，每个 SQL 语句都是在其完成时提交到数据库。如果出现需要使用事务的业务，为了保持业务流程的完整性，需要关闭自动提交模式。利用 Connection 对象的 setAutoCommit(boolean b)方法可以开启或关闭自动提交的方式，false 表示关闭自动提交，默认情况是 true，即默认情况下是自动提交事务。

例如，如果有一个 Connection 连接对象，以下代码来关闭自动提交：

```
connection.setAutoCommit(false);
```

一旦关闭自动提交后，需要调用 Connection 对象的 commit()方法提交更新，代码如下：

```
connection.commit();
```

当事务过程中出现问题时，调用 rollback()方法取消更新，回滚事务，代码如下：

```
connection.rollback();
```

下面的代码演示了如何使用一个提交和回滚对象的完整过程：

```
try{
    conn.setAutoCommit(false);
    Statement stmt=conn.createStatement();
    String SQL="INSERT INTO  student  VALUES (20, tom, 'male')";
    stmt.executeUpdate(SQL);
    String SQL="INSERTED INTO student VALUES (22, 'Linda', 'female')";
    stmt.executeUpdate(SQL);
    conn.commit();
}catch(SQLException se){
    conn.rollback();
}
```

在上面的代码中，第 2 条 SQL 语句有误，插入内容主键值重复，因此，事务回滚，第一条 SQL 语句虽然正确也不会执行。

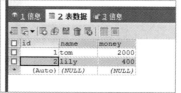

任务透析

模拟银行转账操作，tom 的钱，转到 lily 账户上。

步骤 1：创建数据库，创建数据表 account，如图 6-13 所示。

id	name	money
1	tom	2000
2	lily	400
(Auto)	(NULL)	(NULL)

图 6-13　数据表 account

扫一扫

视频 6.4　事务处理

步骤 2：创建对应的实体类 Account。

```
public class  Account{
   private int id;
   private String name;
   private double money;
   public int getId(){
      return id;
   }
   public void setId(int id){
      this.id=id;
   }
   public String getName(){
      return name;
   }
   public void setName(String name){
      this.name=name;
   }
   publicdouble getMoney(){
      return money;
   }
   public void setMoney(double money){
      this.money=money;
   }
}
```

步骤 3：编写账户操作的对应接口 AccountDao，编写接口实现类 AcountDaoImpl。

```
public interface AccountDao{
   public void transferMoney(String user1, String user2, int money);
}
package com.demo.dao;
import java.sql.Connection;
import java.sql.PreparedStatement;
import java.sql.SQLException;
import com.demo.util.ConnectionUtil;
public class  AccountDaoImpl implements AccountDao{
   @Override
   public void transferMoney(String user1, String user2, int money){
      String sql1="update account set money=money+? where name=?";
      String sql2="update account set money=money-? where name=?";
      Connection con=null;
      try{
         con=ConnectionUtil.getConnection();
         con.setAutoCommit(false);
         PreparedStatement p1=con.prepareStatement(sql1);
```

```
        PreparedStatement p2=con.prepareStatement(sql2);
        p1.setInt(1,money);
        p1.setString(2,user1);
        p2.setInt(1,money);
        p2.setString(2,user2);
        p1.executeUpdate();
        //String s=null; //制造异常情况，但需将后面捕获类型改为Exception
        //System.out.println(s.toString());
        p2.executeUpdate();
        con.commit();
        System.out.println("转账成功");
    }catch (Exception e){
        //TODO Auto-generated catch block
        e.printStackTrace();
        System.out.println("转账失败，事务回滚");
    }
    finally{
        try{
          if(con!=null){
             con.close();
          }
        }catch(SQLException e){
          // TODO Auto-generated catch block
          e.printStackTrace();
        }
    }
  }
}
```

步骤 4：在 main()函数中测试转账方法，转账成功，如图 6-14 所示。

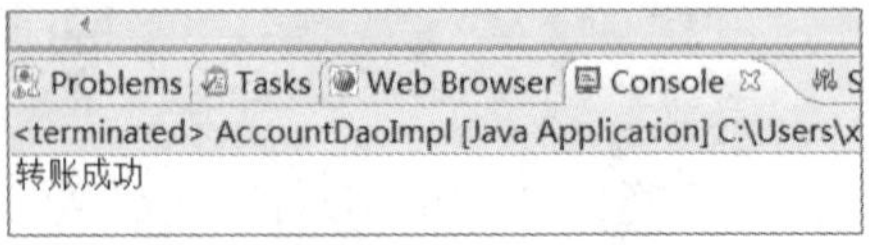

图 6-14　事务提交程序运行结果

```
public static void main(String [] args){
  new AccountDaoImpl().transferMoney("lily", "tom", 30);
}
```

步骤 5：在两个 excuteUpdate()方法中故意制造异常，声明一个空字符串对象 s，去调用其 to String()方法，事务回滚，两个表都不会更新，如图 6-15 所示。

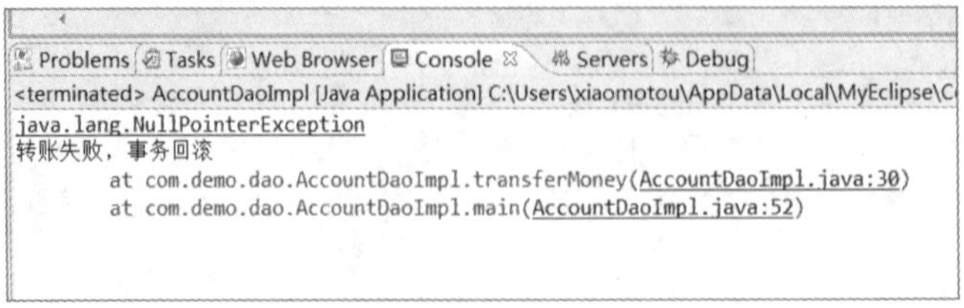

图 6-15　事务回滚程序运行结果

① 什么叫事务，什么时候需要用到事务？

② 如何开启事务和提交事务？

任务五　应用数据库连接池

任务描述

了解数据库连接池的工作原理，掌握数据库连接池的创建和配置方法。

必备知识

1. 数据库连接池

在 Web 开发中，如果使用 JDBC 进行数据库连接操作，每次访问请求时，都会进行打开数据库连接、进行数据库操作、关闭数据库连接 3 个步骤。而数据库连接的频繁打开和关闭是一个费时并且非常消耗资源的操作，如果频繁地进行数据库操作，系统的性能会受到很大影响。为了解决上述问题，引入了数据库连接池技术。数据库连接池是一种复制分配、管理数据库连接的技术方法，用户将数据库连接放入连接池中，访问数据库时去连接池中取连接，用完之后就将连接放回连接池。

数据库连接池又称 Resource Pool，基本思想是为数据库连接建立一个缓冲池，当创建连接池时，预先在连接池中配置一些数量的连接，当需要创建数据库连接时，就在连接池中取出连接，用完之后再放进去。当需要创建的连接数超过连接池中预先放入的连接时，再创建新的连接。连接池可以根据实际情况设置它的最大连接数，以及初始化时的连接数。图 6-16 简单描述了如何通过连接池来操作数据库。

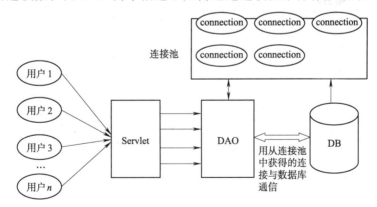

图 6-16　数据库连接池示意图

从图 6-16 可以看出，应用程序访问数据库时，并不直接创建 Connection 连接对象，而是向连接池申请一个连接对象，如果连接池中有空闲的 Connection 对象，则返回，否则创建新的 Connection 对象。超过最大连接数后，需要等待。使用连接完毕后，数据库连接池会将 Connection 对象回收，交付其他线程使用，从而减少数据库创建连接、断开连接的次数，提高数据库的访问效率。

2. DataSource 接口

JDBC 1.0 采用 DriverManager 类产生一个对数据源的连接。JDBC 2.0 提供了一个更好的连接数据源的方法，即 javax.sql.DataSource 接口，它提供了负责与数据库建立连接，返回 Connection 对象的方法，如表 6-8 所示。

表 6-8　javax.sql.DataSource 接口中的抽象方法

方　法　名	含　　义
public ConnectiongetConnection()	无参的方式建立连接
public Connection getConnection(String username, String password)	通过传入登录信息的方式建立连接

javax.sql.DataSource 是一个接口，需要在类中完成具体实现，通常将实现 DataSouce 接口的实现类称为数据源，可以编写自己的实现类实现 DataSource 接口，从而自定义数据库连接池。也可以使用已有的开源数据库连接池，数据库连接池组件都必须实现 DataSource 数据源接口。常见的数据库连接池有 DBCP 数据源和 C3P0 数据源。

3. DBCP 数据源

DBCP（Database Connection Pool）数据库连接池是 Apache 上的一个 Java 连接池项目。DBCP 通过连接池预先同数据库建立一些连接放在内存中（即连接池中），应用程序需要建立数据库连接时直接从连接池中申请一个连接使用，用完后由连接池回收该连接，从而达到连接复用、减少资源消耗的目的。使用 DBCP 连接池时，需要在应用程序中导入两个 jar 包，分别是 commons-dbcp.jar 和 commons-pool.jar。

这两个 jar 包都可以在 apache 官网下载，下载地址为 http://commons.apache.org/proper/commons-dbcp/download_dbcp.cgi 和 https://commons.apache.org/proper/commons-pool/download_pool.cgi。下载页面如图 6-17 和图 6-18 所示。

图 6-17　commons-dbcp.jar 下载页面

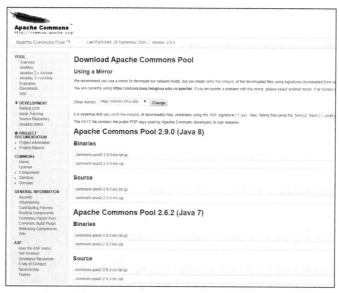

图 6-18　commons-pool.jar 下载页面

　　DBCP 中提供的数据源类 BasicDataSource 实现了 javax.sql.DataSource 接口，如图 6-19 所示。在下载的 commons-dbcp.jar 中有介绍 BasicDataSource 类的 API 文档，BasicDataSource 类中具有设置数据源对象的方法，该类的常用方法及其含义如表 6-9 所示。

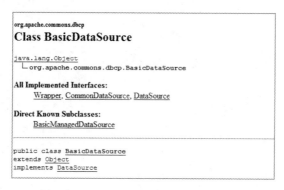

图 6-19　BasicDataSource 类的继承关系

表 6-9　BasicDataSource 类的常用方法及其含义

方 法 名 称	含　　义
public void setDriverClassName(String driverClassName)	设置数据库驱动的名称
public void setUrl(String url)	设置数据库的路径
public void setUsername(String username)	设置数据库的用户名
public void setPassword(String password)	设置数据库的登录密码
public void setInitialSize(int initialSize)	设置连接池中初始化的连接数目
public void setMaxActive(int maxActive)	设置连接池中最大活跃的连接数目
public void setMinIdle(int minIdle)	设置连接池中最小闲置的连接数目
public Connection getConnection(String user, String pass)	根据用户名和密码获得一个连接

使用 DBCP 数据源的一般步骤：

① 将 DBCP 所需要的 jar 包复制到工程的 lib 目录下，如图 6-20 所示。

② 建立获得连接的工具类，实例化 DBCP 中提供的数据源类 BasicDataSource，设置 BasicDataSource 类并调用 getConnection()方法，返回一个 Connection 连接对象。代码如下：

```
WebRoot
  META-INF
  WEB-INF
    lib
      commons-dbcp-1.4.jar
      commons-pool-1.6.jar
      mysql-connector-java-5.0.8-bin.jar
    web.xml
  index.jsp
```

图 6-20　复制 jar 包到 lib 目录

```java
// 得到数据库连接对象
public static  Connection getConnection(){
    // 加载驱动程序
    //Class.forName("com.mysql.jdbc.Driver");
    //Connection con=DriverManager.getConnection(//"jdbc:mysql://
localhost:3306/test", "root", "123");
    BasicDataSource dataSource=new BasicDataSource();
    dataSource.setDriverClassName("com.mysql.jdbc.Driver");
    dataSource.setUrl("jdbc:mysql://localhost:3306/test");
    dataSource.setUsername("root");
    dataSource.setPassword("123");
    dataSource.setInitialSize(5);
    dataSource.setMaxActive(5);
    try {
      return  dataSource.getConnection();
    }catch(SQLException e){
      // TODO Auto-generated catch block
      e.printStackTrace();
    }
    return  null;
}
```

③ 得到数据库连接，进行增删改查操作后，调用 Connection 的 close()方法释放连接，将连接对象放回数据库连接池。也可以通过设置连接池的特性自动管理连接的关闭，此处不进行详述，读者可自行查阅 DBCP 连接池的文档。

4. C3P0 数据源

C3P0 是另外一个开源的 JDBC 连接池，它实现了数据源和 JNDI 绑定，支持 JDBC3 规范和 JDBC2 的标准扩展，是目前最流行的开源数据库连接之一。目前使用它的开源项目有 Hibernate、Spring 等。同 DBCP 一样，它也实现了 DataSourece 接口，它的数据源实现类是 ComboPooledDataSource，是 C3P0 的核心类，提供了数据源对象的相关方法。

使用 C3P0 的方法和使用 DBCP 数据源的方法非常类似，在此不做详述，读者可自行查阅相关文档。

任务透析

通过读取配置文件创建数据源对象，并使用 DBCP 数据源实现数据库的访问。

步骤 1: 在 src 目录下建立 dbcpconfig. properties 文件，该文件用于设置数据库连接信息和数据源的初始化信息，代码如图 6-21 所示。

```
dbcpconfig.properties
driverClassName=com.mysql.jdbc.Driver
url=jdbc:mysql://127.0.0.1:3306/test
username=root
password=1234
initialSize=30
maxTotal=30
maxIdle=10
minIdle=5
maxWaitMillis=1000
```

图 6-21 dbcpconfig.properties 文件

扫一扫

视频 6.5 DBCP 数据库连接池

步骤 2: 创建 ConnectionUtil 类，用于得到连接对象，读取配置文件中对数据源的各种配置信息，得到数据库连接对象。

```java
import java.io.InputStream;
import java.sql.Connection;
import java.sql.DatabaseMetaData;
import java.sql.SQLException;
import java.util.Properties;
import javax.sql.DataSource;
import org.apache.commons.dbcp.BasicDataSourceFactory;
public class ConnectionUtil{
    privatestatic DataSource ds;
    static{
        try{
            InputStream in=ConnectionUtil.class.getClassLoader().
getResourceAsStream("dbcpconfig.properties");
            Properties props=new Properties();
            props.load(in);
            ds=BasicDataSourceFactory.createDataSource(props);
        }catch(Exception e){
            e.printStackTrace();
        }
    }
    // 得到数据库连接对象
    public static  Connection getConnection(){
        try{
            return ds.getConnection();
        }catch (SQLException e){
            // TODO Auto-generated catch block
            throw new  RuntimeException(e);
        }
    }
}
```

步骤 3: 测试连接对象，得到数据库的 DatabaseMetaData 元信息。

```java
public static void main(String[]args){
    Connection conn=ConnectionUtil.getConnection();
    DatabaseMetaData metaData;
    try{
        metaData=conn.getMetaData();
```

```
        System.out.println(metaData.getURL());
        System.out.println(metaData.getDriverName());
        System.out.println(metaData.getDatabaseProductVersion());
    }catch(SQLException e){
        // TODO Auto-generated catch block
        e.printStackTrace();
    }
}
```

注意：

DatabaseMetaData 类是 Java.sql 包中的类，利用它可以获取连接到的数据库的结构、存储等各种信息。

步骤 4：测试连接，得到数据库元信息，如图 6-22 所示。

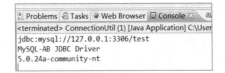

图 6-22 数据库连接的元信息

课堂提问

① 数据库连接池是什么，工作原理是什么？

② 如果编写自己的数据库连接池，需要实现哪个接口？

③ 目前业内有哪些常用的数据库连接池？

④ 使用数据库连接池获得连接和以往使用 DriverManager 获得连接有何区别？

单 元 小 结

本单元主要介绍了在 Java Web 项目中如何使用 JDBC 进行数据库编程，如何使用 JDBC 的 API 进行 DriverManager、Connection、Statement、PreparedStatement、ResultSet 类连接和操作数据库，还介绍了怎样使用 JDBC 来操作事务、数据库连接池的概念，以及如何使用数据库连接池来提高数据库访问的效率。JDBC 是 Java 开发中的重要内容，需要读者掌握。

思 考 练 习

一、选择题

1. 有关 JDBC 的选项正确的是（   ）。

    A. JDBC 是一种通用的数据库连接技术，JDBC 技术不仅可以应用在 Java 程

序里面，还可以用在 C++ 程序里面

B. JDBC 技术是 Sun 公司设计出来专门用在连接 Oracle 数据库的技术，连接其他的数据库只能采用微软的 ODBC 解决方案

C. 微软的 ODBC 和 Sun 公司的 JDBC 解决方案都能实现跨平台使用，只是 JDBC 的性能要高于 ODBC

D. JDBC 只是个抽象的调用规范，底层程序实际上要依赖于每种数据库的驱动文件

2. JDBC 可以执行的语句是（　　）。

　　A. DXL　　　　B. DCL　　　　　　C. DML　　　　　　　D. 以上都可以

3. 如果为下列预编译 SQL 的第三个问号赋值，正确的是（　　）。

```
UPDATE emp SET ename=?,job=?,salary=? WHERE empno=?;
```

　　A. pst.setInt("3",2000);　　　　　B. pst.setInt(3,2000);

　　C. pst.setFloat("salary",2000);　　D. pst.setString("salary","2000");

4. 使用 Connection 的（　　）方法可以建立一个 PreparedStatement 接口。

　　A. createPrepareStatement()　　　B. prepareStatement()

　　C. createPreparedStatement()　　D. preparedStatement()

5. 下面描述正确的是（　　）。

　　A. PreparedStatement 继承自 Statement

　　B. Statement 继承自 PreparedStatement

　　C. ResultSet 继承自 Statement

　　D. CallableStatement 继承自 PreparedStatement

6. 下列描述错误的是（　　）。

　　A. Statement 的 executeQuery() 方法会返回一个结果集

　　B. Statement 的 executeUpdate() 方法会返回是否更新成功的 boolean 值

　　C. 使用 ResultSet 的 getString() 方法可以获得一个对应于数据库中 char 类型的字段值

　　D. ResultSet 的 next() 方法会使结果集中的下一行成为当前行

7. 如果数据库中某个字段为 Blob 型，可以通过结果集中的（　　）方法获取。

　　A. getNumberic()　　　　　　　B. getDouble()

　　C. getInputStream()　　　　　　D. getFloat()

8. 在 JDBC 中使用事务，回滚事务的方法是（　　）。

　　A. Connection 的 commit()　　　　B. Connection 的 setAutoCommit()

　　C. Connection 的 rollback()　　　　D. Connection 的 close()

9. 在 JDBC 中执行 SELECT name, rank, serialNo FROM employee 语句能得到 rs 的第一列数据的代码是（　　）。

　　A. rs.getChar(0);　　　　　　　　B. rs.getString("name");

　　C. rs.getChar("name");　　　　　　D. rs.getString("ename");

10. 下面关于 PreparedStatement 的说法错误的是（　　）。

　　A. PreparedStatement 继承了 Statement

B. PreparedStatement 可以有效防止 SQL 注入

C. Statement 可以有效防止 SQL 注入

D. PreparedStatement 可以存储预编译的 Statement，从而提升执行效率

11. 下列有关 ResultSet 的说法错误的是（　　　）。

A. ResultSet 是查询结果集对象，如果 JDBC 执行查询语句没有查询到数据，那么 ResultSet 将会是 null 值

B. 判断 ResultSet 是否存在查询结果集，可以调用它的 next()方法

C. 如果 Connection 对象关闭，那么 ResultSet 也无法使用

D. 如果一个事务没有提交，那么 ResultSet 中看不到事务过程中的临时数据

12. 下列加载 MySQL 驱动正确的是（　　　）。

A. Class.forname("com.mysql.JdbcDriver");

B. Class.forname("com.mysql.jdbc.Driver");

C. Class.forname("com.mysql.driver.Driver");

D. Class.forname("com.mysql.jdbc.MySQLDriver");

13. 下列选项能执行预编译 SQL 的是（　　　）。

A. Statement   B. PreparedStatement

C. PrepareStatement   D. 以上都不是

14. 下列关于 Connection 的描述错误的是（　　　）。

A. Connection 是 Java 程序与数据库建立的连接对象，这个对象只能用来连接数据库，不能执行 SQL 语句

B. JDBC 的数据库事务控制要靠 Connection 对象完成

C. Connection 对象使用完毕后要及时关闭，否则会对数据库造成负担

D. 只有 MySQL 和 Oracle 数据库的 JDBC 程序需要创建 Connection 对象，其他数据库不需要

二、填空题

1. Statement 接口定义的 executeQuery()方法的返回类型为_____，代表的含义为_____。

2. MySQL 数据库 URL 是_____。

3. 在 JDBC 编程中，执行 SELECT name,rank,serialNo FROM employee 语句，能得到 rs 的第一列数据的代码是_____。

4. JDBC 中关闭事务自动提交的方法为_____，手动提交的方法为_____。

EL 表达式和 JSTL 标签 «

EL（Expression Language）和 JSTL（JSP 标准标签库）能够更大限度地简化 JSP 文件。本单元首先学习了 EL 表达式的使用，使用 EL 表达式访问常用的内建对象，介绍了 EL 表达式的常见运算。此外，还介绍了 JSTL 中常用的标签，学习了 JSTL core 标签的属性及使用方法，通过具体的案例，掌握 EL 和 JSTL 在实际开发中的使用方法。

本单元包括以下几个任务：
● 使用 EL 表达式
● 使用 JSTL 标签

任务一　使用 EL 表达式

必备知识

1. EL 简介

在 JSP 开发中，经常需要在页面上获取域对象的数据，例如，得到 Session 中用户对象的信息，或者得到 request 对象中共享的新闻列表 List 对象，经常需要在页面上书写很多 Java 代码，这样会使页面混乱，难以维护，项目结构不符合 MVC 设计模式的要求。因此，JSP 2.0 规范中提供了 EL 表达式。EL 表达式的目的在于使 JSP 写起来更加简单。表达式语言的灵感来自于 ECMAScript 和 XPath 表达式语言，它提供了在 JSP 中简化表达式的方法，让 JSP 的代码更加简化。

EL 表达式的语法格式如下：

```
${expression}
```

> 注意：
>   此处 expression 是一个表达式，表达式必须符合 EL 语法要求。$和{ }之间没有空格。

要在页面上使用 EL，必须保证页面的 page 指令的 isELIgnored 属性为 false，即

```
<%@ page isELIgnored="false"%>
```

表示是否禁用 EL 语言，true 表示禁止，false 表示不禁止。在 JSP 2.0 中默认启用 EL 语言，即默认状态下该属性值为 false，因此一般不用特意声明该属性。

2. EL 语言运算符

（1）"."运算符和[]运算符

EL 提供"."和[]两种运算符来存取数据。"."是最常用的，作用相当于执行 Bean 中的 get()方法。例如，${sessionScope.user.userName}表达式的意思是：在会话中得到名称为 user 的 Bean 对象，通过"."运算符执行 getUserName()方法，返回存放在 Bean 中的用户名属性的值。[]的作用和"."运算符一样，只不过[]运算符可以执行一些不规则的标识符。例如，${requestScope.user["score-math"]}表达式中有不规则的标识符，是不能使用"."来访问的。

当要存取的属性名称中包含一些特殊字符（如"."或"?"等并非字母或数字的符号）时，就一定要使用 []。例如：${user.My-Name}应当改为${user["My-Name"]}。

（2）算术运算符

EL 中支持简单的算术运算，如+、-、*、/、%等。例如，${6+6}。

> **注意：**
>
> 在 EL 表达式中，"+"只有数学运算的功能，没有连接符的功能，它会试着把运算符两边的操作数转换为数值类型，进而进行数学加法运算，最后输出结果。若出现${'a'+'b'}则会出现异常。

-：例如，${4-3}。

*：例如，${4*3}。

/：例如，${9/3}。

（3）比较运算符

EL 表达式可以用比较运算符比较两个操作数的大小，或者判断一个对象是否为空，执行结果是布尔类型。比较运算符有==、!=、<、>、<=、>=。例如：

>或者 gt：例如，${8>9} 或者${8 gt 9 }。

>= 或者 ge：例如，${45>=9}或者 ${45 ge 9 }。

<或者 lt：例如，${4<9}或者 ${4 lt 9 }。

<= 或者 le：例如，${9<=8}或者 ${9 le 8 }。

== 或者 eq：例如，${4==4}或者 ${4 eq 4 }。

!= 或者 ne：例如，${4!=3}或者 ${4 ne 3 }。

（4）逻辑运算符

EL 表达式中可以使用逻辑运算符对结果为布尔类型的表达式进行逻辑运算，运算结果仍为布尔类型。逻辑运算符有：

&&或者 and：例如，${false && false} 或者 ${false and false }。

|| 或者 or：例如，${true || false} 或者 ${true or false }。

! 或者 not：例如，${!true}（相当于${false}）或者 ${not true }。

（5）条件运算符

EL 表达式条件运算符用于执行某种条件判断，类似 Java 语言中的 if...else 语句，其语法格式为：

```
${A?B:C}
```

此表达式中 A 的计算结果为 boolean 类型，如果 A 为 true，就执行表达式 B，并返回 B 的值；如果 A 为 false，就执行表达式 C，并返回 C 的值。

（6）empty 运算符

empty 判断 EL 表达式中的表达式是否为空。例如：

```
${empty sessionScope.user}
```

如果 sessionScope.user 不存在,返回 true；如果 sessionScope.user 为 null,返回 true。

（7）()运算符改变优先级

与 Java 中表达式一样，EL 表达式可以采用()改变其他运算符的优先级，如 ${a*b+c}。如果加上()，${a*(b+c)} 运算结果就不一样。

3．EL 获取共享域中的对象

前面学习了 JSP 有九大内建对象，其中 request、session 和 application 内建对象最为常用，分别对应了 Servlet 程序中的 HttpRequest 对象、HttpSession 对象和 ServletContext 对象。这些对象的内部都定义了一个 Map 集合，因此，可以将数据存储到这些对象中。例如：

```
request.setAttribute("usernanme", "tom");
```

或者在 JSP 页面上采用：

```
<% session.setAttribute("usernanme ","tom"); %>
```

习惯将这些对象中的 Map 集合称为作用域（共享域），将这些对象称为域对象，在页面之间跳转时，可以方便地用 EL 表达式获取到共享域中的对象。

EL 表达式提供了 4 个隐式对象，分别是：pageScope，表示页面范围的变量；requestScope，表示请求对象的变量；sessionScope，表示会话范围内的变量；applicationScope，表示应用范围的变量。

Web 域对象和 EL 隐式对象中的对应关系如表 7-1 所示。

表 7-1　Web 域对象和 EL 隐式对象中的对应关系

Web 域对象	EL 隐式对象
Page	PageScope
Request	RequestScope
Session	SessionScope
Application	ApplicationScope

例如，获得 request 域中共享对象的代码如下：

```
<body>
<%
  request.setAttribute("username","tom");
  session.setAttribute("password","123");
  application.setAttribute("status","ok");
%>
  request 域中对象: ${requestScope.username}<br>
  session 域中对象: ${sessionScope.password}<br>
```

```
       application 域中对象: ${applicationScope.status}<br>
</body>
```

更多的情况是如下用法，不指定 EL 隐式对象，直接使用共享对象的 keyname 即 $[keyname]来获得值：

```
<body>
<%
   request.setAttribute("username","tom");
   session.setAttribute("password","123");
   application.setAttribute("status","ok");
%>
   request 域中对象: ${username}<br>
   session 域中对象: ${password}<br>
   application 域中对象: ${status}<br>
</body>
```

因为没有指定 username 的范围，所以它会依序从 Page、Request、Session、Application 范围查找。假如途中找到 username，就直接回传，不再继续找下去；但是假如全部的范围都没有找到，就回传 null，页面上什么都不显示，也不会报错。

4. EL 获取 Cookie 信息

在 Web 开发中，经常要将一些信息写入 Cookie。在 JSP 页面中，将 Cookie 信息取出可以采用 EL 表达式。EL 表达式中提供了一个名为 cookie 的隐式对象，可以通过 Cookie 的 key 直接获得 Cookie 中的 value。例如：

```
<%
   Cookie cookie1=new Cookie("username","admin");
   cookie1.setMaxAge(1000);
   response.addCookie(cookie1);
%>
```

用 EL 表达式从 Cookie 中读取出 key 为 username 的值 admin：

```
${cookie.username.value}
```

注意：

在 Servlet 下写入的 Cookie，默认情况下在 JSP 中是读取不到的，path 默认产生 Cookie 的路径，如果需要在 JSP 页面上读取 Servlet 写入的 Cookie 的信息，需要设置 Cookie 的 path 属性为 "/"，让设置的 Cookie 在同一应用服务器内共享。

在 Servlet 中编写如下代码：

```
Cookie cookie1=new Cookie("username", username);
cookie1.setPath("/");
```

在 JSP 页面用 EL 表达式获取 Cookie 对象信息的表达式为${cookie.username.value}。具体举例请看任务透析中的子任务 1。

5. EL 获取请求参数

EL 中还提供了 param 和 paramValues 两个隐式对象，这两个隐式对象专门用于获取客户端访问 JSP 页面时传递过来的请求参数的值。如果是单个参数，使用 param 对象，例如：

```
${param.username}
```

如果一个请求参数有多个值（如多选框），使用 paramValues 对象：

```
${paramValues.habit[0]}
${paramValues.habit[1]}
${paramValues.habit[2]}
```

具体举例参见任务透析中的子任务 2。

任务透析

【**子任务 1**】EL 获取域对象信息及 Cookie 信息。

用户登录时，可以选择保存用户的登录信息，记住用户名和密码到持久 Cookie 中，当指定时间内再次请求登录页面时，自动将用户名和密码输入文本框，而无须重新输入。当用户未选择记住密码时，将 Cookie 删除（此案例可以与单元二中的任务七相对照，是任务七的改进版本）。

扫一扫

视频 7.1　EL 获取域对象信息及 Cookie 信息

步骤 1：编写登录页面。

```
<%@ page language="java" contentType="text/html; charset=UTF-8"
    pageEncoding="UTF-8"%>
<!DOCTYPE html>
<html>
<head>
<meta charset="UTF-8"><title>用户登录</title>
</head>
<body>
<form name="f1"action="LoginServlet"
    method="post">
    用户名:<input type="text" name="username" value="">${errorInfo} <br>
    密码: <input type="password" name="password"value=""><br>
    记住登录信息:<input type="checkbox"name="saveInfo"value= "saved"><br>
    <input type="submit" value="登录">
    </form>
</body>
</html>
```

步骤 2：编写登录 LoginServlet 的代码，当用户选择记住密码时，将用户名和密码写入 Cookie，当用户选择不记住密码时，将 Cookie 中的用户名和密码删除。登录成功后，Session 域中保存登录用户信息，并跳转到登录欢迎页面，注意程序中 setPath() 方法的调用。

```
public class LoginServlet extends HttpServlet{
    public void doGet(HttpServletRequest request, HttpServletResponse
response)throws ServletException, IOException{
    String username=request.getParameter("username");
    String password=request.getParameter("password");
    String saveInfo=request.getParameter("saveInfo");
    if(username!=null && password!=null){
      if(username.equals("admin") && password.equals("123")){
```

```
        request.getSession().setAttribute("loginuser", username);
        if(saveInfo!=null&& saveInfo.equals("saved")){
        System.out.println("save cookie");
        // 用 Cookie 保存登录信息, 并登录
        Cookie cookie_username=new Cookie("username", username);
        Cookie cookie_password=new Cookie("password", password);
        cookie_username.setMaxAge(5000);
        cookie_password.setMaxAge(5000);
        //在 Servlet 下写入的 cookie, 在 JSP 里面是读取不到的, path 默认是产生
//cookie 的路径。设置 setPath("/")目的就是让设置的 Cookie 在同一应用服务器内共享!
        cookie_username.setPath("/");
        cookie_password.setPath("/");
        response.addCookie(cookie_username);
        response.addCookie(cookie_password);
        request.getRequestDispatcher("/welcome.jsp").
forward(request, response);
        }else{
        Cookie[] cookies=request.getCookies();
        for (int i=0; i<cookies.length; i++) {
           if(cookies[i]!=null&&cookies[i].getName().equals("username")){
              cookies[i].setMaxAge(0);
              cookies[i].setPath("/");
              response.addCookie(cookies[i]);
           }
           if (cookies[i] != null && cookies[i].getName().equals("password")){
              cookies[i].setMaxAge(0);
              cookies[i].setPath("/");
              response.addCookie(cookies[i]);
           }
        }
        request.getRequestDispatcher("/welcome.jsp").forward(request,
response);
        }
      }else {// 用户名密码错误, 返回登录页面
        request.setAttribute("errorInfo", "用户名或密码错误");
        request.getRequestDispatcher("/login.jsp").forward(request,
response);
      }
    }
    else
    {
      response.sendRedirect(request.getContextPath()+"/index.jsp");
    }
    }
    public void doPost(HttpServletRequest request, HttpServletResponse
response)throws ServletException, IOException{
```

```
        doGet(request,response);
    }
}
```

步骤 3：编写欢迎登录页面 welcome.jsp，用 EL 表达式读取 Session 域中保存的登录用户信息。可以用 param 隐式对象读取到请求参数的信息。

```
<body>
    登录成功，欢迎${loginuser}回来。<br>
    获得表单的请求参数为: ${param.username}, ${param.password}
</body>
```

步骤 4：修改登录页面，用 EL 表达式 ${cookie.username.value} 和 ${cookie.password.value} 读取 Cookie 中保存的用户名和密码信息。

```
<form name="f1" action="LoginServlet" method="post">
    用户名: <input type="text" name="username" value="${cookie.username.
value}">${errorInfo}<br>
    密码:<input type="password" name="password" value="${cookie.
password.value}"><br>
    记住登录信息: <input type="checkbox" name="saveInfo" value= "saved">
<br>
    <input type="submit" value="登录">
</form>
```

步骤 5：发布测试。

① 打开登录页面 login.jsp，输入用户名和密码，选中"记住登录信息"复选框，如图 7-1 所示。

② 登录成功，跳转到登录成功页面，如图 7-2 所示。

图 7-1　登录页面　　　　　　　　图 7-2　登录成功页面

③ 关闭浏览器，重新打开浏览器并运行 login.jsp 页面，此时用户名和密码已经自动填入，如图 7-3 所示。

图 7-3　登录页面自动填入用户名和密码信息

【子任务 2】EL 获取请求参数。
注册页面，跳转到注册成功 JSP 页面，在注册成功页面获得请

扫一扫

视频 7.2　EL 获取
请求参数

求参数的信息，包含单个结果参数和多个结果的参数。

步骤 1：编写注册页面 register.jsp。

```
<form method="post" action="registersuccess.jsp">
  <p>
    姓名: <input type="text" name="username" size="15"/>
  </p>
  <p>
    密码: <input type="password" name="password" size="15"/>
  </p>
  <p>
    性别: <input type="radio" name="sex" value="Male" checked/>男
      <input type="radio" name="sex" value="Female"/>女
  </p>
  <p>
    年龄: <select name="old">
    <option value="10">10 - 20</option>
    <option value="20"selected>20 - 30</option>
    <option value="30">30 - 40</option>
    <option value="40">40 - 50</option>
    </select>
  </p>
  <p>
    兴趣: <input type="checkbox" name="habit" value="Reading"/>看书
        <input type="checkbox" name="habit" value="Game"/>游戏
        <input type="checkbox" name="habit" value="Travel"/>旅游
        <input type="checkbox" name="habit" value="Music"/>听音乐
        <input type="checkbox" name="habit" value="Tv"/>看电视
  </p>
  <p>
    <input type="submit" value="提交"/><input type="reset" value="
清除"/>
  </p>
</form>
```

步骤 2：编写注册成功页面。

```
<body>
    注册成功，注册信息为: <br>
    姓名: ${param.username}<br>
    密码: ${param.password} <br>
    性别: ${param.sex}<br>
    年龄: ${param.old}<br>
    兴趣:
    ${paramValues.habit[0]}
    ${paramValues.habit[1]}
    ${paramValues.habit[2]}
    ${paramValues.habit[3]}
```

```
    ${paramValues.habit[4]}
</body>
```

步骤 3：发布工程，运行 register.jsp 页面，在注册表单中填入注册信息，跳转到注册成功 JSP 页面，如图 7-4 和图 7-5 所示。

图 7-4　注册页面

图 7-5　获得注册信息

课堂提问

① EL 表达式有什么作用，如果不用 EL 表达式，可以用其他什么技术来代替？

② EL 表达式有哪些运算符号？

③ EL 表达式有哪些隐式对象，和 JSP 的内建对象有什么区别和联系？

④ 如何通过 EL 表达式取出 Cookie 的值？

任务二　使用 JSTL 标签

必备知识

1. JSTL 简介

从 JSP 1.1 开始，JSP 页面支持自定义标签，JSP 标签是一种用户定义的 JSP 语言元素，每个标签对应了一个用 Java 语言开发的程序，当标签在 JSP 页面中使用时，将执行这个对应程序的动作。使用标签，大大降低了 JSP 页面的复杂度，并且增强了代码的重用性。因此，很多 Web 应用厂商制定了自己的标签库。JSTL 是 Sun 公司制定的一套标准标签库，是 Java EE 网络应用程序开发平台的组成部分，它可以应用到很多领域，如基本输入/输出、流程控制、循环、XML 文件剖析、数据库查询及国际化和文字格式标准化等。

JSTL 是一个不断完善的开放源代码的 JSP 标签库。JSTL 运行在支持 JSP 1.2 和 Servlet 2.3 规范的容器上，如 Tomcat 4.x 以上，在 JSP 2.0 中也是作为标准支持的。JSTL 所提供的标签库主要分为五大类，每类标签提供了一组实现特定功能的标签。表 7-2 说明了这五类标签库不同的 URL 和建议使用前缀，这五大类标签包括：

① 核心标签库：包括通用的处理标签，例如输出文本内容、条件判断、迭代循环等。

② I18N 格式标签库：包括国际化和格式化的标签，例如设置 JSP 页面的本地信息、时区、使日期按照本地格式显示等。

③ SQL 标签库：包括访问关系数据库的标签，不经常使用。

④ XML 标签库：包括解析查询和转换 XML 数据的标签。

⑤ 函数标签库：提供了一套自定义的 EL 函数，包括管理 String 和集合的函数。

表 7-2　JSTL 标签库分类

JSTL	前置名称	URL	范　例
核心标签库	c	http://java.sun.com/jsp/jstl/core	<c:out>
I18N 格式标签库	fmt	http://java.sun.com/jsp/jstl/fmt	<fmt:formatDate>
SQL 标签库	sql	http://java.sun.com/jsp/jstl/sql	<sql:query>
XML 标签库	xml	http://java.sun.com/jsp/jstl/xml	<x:forEach>
函数标签库	fn	http://java.sun.com/jsp/jstl/functions	<fn:split>

这几个标签库中，使用最多、最广泛的是核心（core）标签库，本任务主要针对核心标签库进行讲解。核心标签库中按照功能分类分为表达式操作标签、流程控制标签、迭代操作标签、URL 操作标签四大类，如表 7-3 所示。

表 7-3　核心标签库分类

功　能　分　类	标　签　名　称
表达式操作	out、set、remove、catch
流程控制	if、choose、when、otherwise
迭代操作	forEach、forTokens
URL 操作	import、param、url、redirect

2. JSTL 在页面上的使用

如果要使用 JSTL，则必须将 jstl-1.2.jar 文件放到 classpath 目录中。标准标签是 JSP 提供的库文件，所以在使用之前需要将库文件的 jar 包导入到工程的 lib 中，还需要复制到 tomcat 的 lib 目录下，如图 7-6 所示。

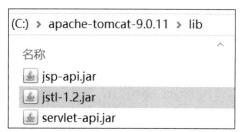

图 7-6 添加 JSTL 库文件到 Web 工程

在 JSP 页面上使用 JSTL 标签，需要在页面上声明 taglib 指令：

```
<%@ taglib uri="http://java.sun.com/jsp/jstl/core" prefix="c" %>
```

其中 uri 在标准标签的 c.tld（standerd.jar）中有定义。

3. JSTL Core 标签库基本标签用法举例

（1）<c:out>标签

c:out 标签主要用来显示数据的内容,用于将表达式的结果输出到当前的 JspWriter 对象中，输出字符串、变量、JavaBean 属性值。其功能类似于 JSP 的表达式<%= %>，或者 EL 表达式${}。表 7-4 说明了 c:out 标签的属性及用法。

表 7-4　c:out 标签的属性及用法

名　　称	说　　明	必　　须	默　认　值
value	需要显示出来的值	是	无
default	如果 value 的值为 null，则显示 default 的值	否	无
escapeXml	是否转换特殊字符，如转换成&lt	否	true

例如，输出一个字符串，或者变量的值，使用标签如下：

```
<c:out value="this is a string" />
```

（2）<c:set>标签

<c:set>标签用于把某一个对象存在指定的域范围内，或者设置 Web 域中的 java.util.Map 类型的属性对象或 JavaBean 类型的属性对象的属性，c:set 标签的属性值及说明如表 7-5 所示。

表 7-5　c:set 标签的属性及说明

名　　称	说　　明	必　　须	默　认　值
value	要被存储的值	否	无
var	要存入的变量名称	否	无
scope	var 变量的 JSP 范围	否	page
target	JavaBean 或 Map 对象	否	无
property	指定 target 对象的属性	否	无

为变量设置值，使用 c:set 标签代码如下：

```
<c:set var="name" value="kite" />
<c:out value="${name}"></c:out>
```

或者语句为：

```
<c:set var="age">19</c:set>
<c:out value="${age}" />
```

还可以使用 target、property、value 等属性设置 JavaBean 的值。

```
<h2>
    给 JavaBean 赋值
</h2>
<jsp:useBean id="user" class="com.amaker.bean.User"></jsp:useBean>
<c:set target="${user}" property="name" value="Joe"></c:set>
<c:out value="${user.name}"></c:out>
```

（3）<c:if>标签

该标签条件判断输出，主要用于进行 if 判断，如果为 true，则输出标签体中的内容。标签中各属性及说明如表 7-6 所示。

表 7-6　c:if 标签中各属性及说明

名　称	说　明	必　须	默　认　值
test	如果表达式的结果为 true，则执行本体内容，为 false 则相反	是	无
var	用来存储 test 运算的结果（true 或 false）	否	无
scope	var 变量的 JSP 范围	否	page

可以结合 EL 表达式来使用，用法如下：

```
<c:if test=${age<18}>
    你的年龄太小，不能访问该页面！
</c:if>
```

（4）条件判断标签 c:choose、c:when、c:otherwise 的用法

这 3 个标签用来判断多重条件，这 3 个标签必须一起使用。标签中的属性及说明如表 7-7 所示。

表 7-7　条件判断标签的属性及说明

名　称	说　明	必　须	默　认　值
test	如果表达式的结果为 true，则执行本体内容，false 则相反	是	无

判断成绩的区间，分别给出优秀、良好、一般的等级，用法如下：

```
<body>
<%
    request.setAttribute("score",50);
%>
<c:choose>
    <c:when test="${score>=90}">优秀!!! </c:when>
```

```
    <c:when test="${score<90&&score>80}">良好!! </c:when>
    <c:otherwise>一般! </c:otherwise>
</c:choose>
</body>
```

（5）迭代循环 c:forEach 的用法

<c:forEach>为循环控制，它可以将数组、集合（Collection）中的成员循环浏览一遍，可迭代循环输出集合中的元素。其属性和说明如表 7-8 所示。

表 7-8　c:forEach 标签的属性及说明

名　称	说　明	必　须	默 认 值
var	用来存放现在指定的成员	否	无
items	被迭代的集合对象	否	无
begin	开始的位置	否	0
end	结束的位置	否	最后一个成员
step	每次迭代的间隔数	否	1

迭代循环标签通常结合 EL 表达式使用，用法有如下 4 种：

① 简单迭代：直接取出元素中各个对象。

从 List 集合中取出元素，显示到页面上，用法如下：

```
<%
  List<User> list=new ArrayList<User>();
  for(int i=0;i<10;i++)
  {
    User u=new User();
    u.setId(i);
    u.setName("name"+i);
    list.add(u);
  }
  request.setAttribute("UserList",list);
%>
<table>
  <tr><th>ID</th><th>Name</th></tr>
  <c:forEach var="user" items="${UserList}">
<%--var是每轮迭代的对象的别名，items 指的是取到的集合共享对象的名字--%>
  <tr>
    <td>
        <%--<c:out value="${user.id}"></c:out>--%>
      ${user.id}
    </td>
    <td>
        <%-- <c:out value="${user.name}"></c:out> --%>
      ${user.name}
    </td>
  </tr>
```

```
    </c:forEach>
  </table>
```

② 固定次数迭代。用法如下：

```
<c:forEach var="k" begin="1" end="20">
  ${k }
</c:forEach>
```

③ 固定次数，指定步长迭代。用法如下：

```
<c:forEach var="k" begin="1" end="20" step="2">
  ${k }
</c:forEach>
```

④ 通过属性 status 获得迭代状态。假定 UserList 是一个 request 域中简单的 List 集合对象：

```
<table>
  <tr><th>ID</th><th>Name</th><th>index</th><th>count</th><th> first?
</th><th>last?</th></tr>
    <c:forEach var="user" items="${UserList}" varStatus="status">
      <tr>
      <td>${user.id}</td>
      <td>${user.name}</td>
      <td>${status.index}</td>
      <td>${status.count}</td>
      <td>${status.first}</td>
      <td>${status.last}</td>
    </tr>
  </c:forEach>
</table>
```

当使用 forEach 标签迭代循环输出 Map 中的对象列表时，var.key 得到 Map 中的 Key 对象，var.value 得到 Map 中的 Value 对象。下例中，假定 request 域中有一个 Map 类型的共享对象：

```
request.setAttribute("cart_map",map);
```

在 JSP 页面上使用 c:forEach 标签输出 map 对象列表。代码如下：

```
<table>
<tr>
    <th>商品 ID</th><th>商品名称</th><th>购买数量</th><th>商品价格</th>
</tr>
  <c:forEach items="${car_map}" var="carbean">
    <tr>
      <td>${carbean.key} </td>
      <td>${carbean.value.b.book_name}</td>
      <td>${carbean.value.number}></td>
      <td>${carbean.value.b.book_price}</td>
    </tr>
  </c:forEach>
```

```
</table>
```

（6）<c:url>的用法

<c:url>主要用来产生一个 URL，表 7-9 说明了<c:url>标签的属性及用法。

表 7-9　c:url 标签的属性及用法

名　　称	说　　明	必　　须	默　认　值
value	执行的 URL	是	无
context	相同容器下，必须以"/"开头	否	无
var	存储被包含文件的内容	否	无
scope	var 变量的 JSP 范围	否	page

将一个 url 存放到一个变量中，并输出 url。代码如下：

```
<c:url var="myurl" value="c_beimported.jsp" scope="session">
  <c:param name="name" value="jgl"/>
</c:url>
<c:out value="${myurl}"/>
```

（7）<c:forTokens>

c:forTokens 标签的作用是将字符串以指定的一个或多个字符分隔开，标签的属性及说明如表 7-10 所示。

表 7-10　c:forTokens 标签的属性及说明

名　　称	说　　明	必　　须	默　认　值
var	用来存放现在的成员	否	无
items	被迭代的字符串	是	无
delims	定义用来分隔字符串的字符	是	无
varStatus	用来存放现在指定的相关成员信息	否	无
begin	开始位置	否	0
end	结束位置	否	最后一个成员
step	每次迭代的间隔数	否	1

c:forTokens 用法如下：

```
<%--通过一个分隔符将字符串划分为数组，并遍历出来--%>
  <c:forTokens var="ele" items="blue,red,green|yellow|pink,black|white"
delims="|">
  <c:out value="${ele}"/>||
  </c:forTokens>
  <br>
<%--通过多个分隔符将字符串划分为数组，并遍历出来--%>
  <c:forTokens var="ele" items="blue,red!green|yellow;pink;black|white"
delims="|;,!">
  <c:out value="${ele}"/>||
  </c:forTokens>
```

（8）<c:import>

<c:import>可以把其他静态或动态文件包含至本身 JSP 网页。c:import 标签的属性及说明如表 7-11 所示。

表 7-11 c:import 标签的属性及说明

名　称	说　明	必　须	默　认　值
url	文件被包含的地址	是	无
context	相同容器下，其他 Web 必须以"/"开头	否	无
var	存储被包含文件的内容	否	无
scope	var 变量的 JSP 范围	否	page
charEncoding	被包含文件内容的编码格式	否	无
varReader	存储被包含文件的内容	否	无

注意<c:import>与<jsp:include>的区别：

<jsp:include>只能包含和自己同一个 Web 应用程序下的文件；而<c:import>除了能包含和自己同一个 Web 应用程序的文件外，也可以包含不同 Web 应用程序或者其他网站的文件。

例如，使用<c:import>标签包含同一个 Web 应用程序的文件和不同 Web 应用程序的文件。代码如下：

```
<%--引入绝对路径的文件--%>
<%--注意:被引入的文件将被解析为 html 的形式嵌入引用文件--%>
<h1>引入绝对路径的文件</h1>
<c:import url="http://127.0.0.1:8080/test/c_beimported.jsp" var="file"
charEncoding="utf-8"/>
<blockquote>
<pre>
<c:out value="${file}"></c:out>
</pre>
</blockquote>
<%--引入相对路径的文件--%>
<h1>引入相对路径的文件</h1>
<blockquote>
<pre>
<c:import url="c_beimported.jsp" var="f"/>
<c:out value="${f}"></c:out>
</pre>
</blockquote>
<%--传递参数到被引入文件--%>
<h1>传递参数到被引入文件</h1>
<blockquote>
<pre>
<c:import url="c_beimported.jsp" var="ff">
<c:param name="name" value="jack"/>
</c:import>
```

```
<c:out value="${ff}"></c:out>
</pre>
</blockquote>
```

（9）<c:redirect>

<c:redirect>可以将客户端的请求从一个 JSP 网页导向到其他文件。c:redirect 标签的属性及说明如表 7-12 所示。

表 7-12　c:redirect 标签的属性及说明

名　　称	说　　明	必　须	默　认　值
url	导向的目标地址	是	无
context	相同容器下，必须以"/"开头	否	无

<c:redirect>用法举例：

```
<%--通过<c:url>获得 url--%>
<c:url value="c_beimported.jsp" var="test">
  <c:param name="name" value="jgl"/></c:url>
  <%--通过<c:redirect>重定向到获得的 url 上--%>
<c:redirect url="${test}"/>
<%--通过<c:url>获得 url--%>
<c:url value="c_beimported.jsp" var="t"></c:url>
  <%--通过<c:redirect>重定向到获得的 url 上(在<c:redirect>内部传参)--%>
  <c:redirect url="${t}">
  <c:param name="name" value="admin"/>
</c:redirect>
```

如果想在 JSP 页面上执行 Servlet，也可以用到 c:redirect 标签，编写一个页面 index.jsp，通过标签跳转到 Servlet。代码如下：

```
<%@pagelanguage="java" contentType="text/html; charset=UTF-8" page
Encoding="UTF-8"%>
<%@taglib prefix="c" uri="http://java.sun.com/jsp/jstl/core"%>
<c:redirect url="servlet/ListAllBooksServlet">
</c:redirect>
```

这样，就可以通过执行 index.jsp 页面，转而执行 Servlet 程序。

任务透析

用 JSTL 输出一个 JavaBean 的属性。

步骤 1：写一个 JavaBean：User，编写属性及 getset()方法。

```
public class User{
  private int id;
  private String name;
  public int getId(){
    return id;
  }
  public void setId(int id){
    this.id=id;
```

扫一扫

视频 7.3　用 JSTL
输出一个 JavaBean
的属性

```
    }
    public String getName(){
        return name;
    }
    public void setName(String name){
        this.name=name;
    }
}
```

步骤 2：将这个 JavaBean 引入页面，或者采用 usebean 标签将 JavaBean 引入。

```
<%@page language="java" import="java.util.*,com.demo.bean.User"
pageEncoding="utf-8"%>
```

步骤 3：在页面上创建 User 对象，并将对象共享到 request 域中。

```
<%
    User u=new User();
    u.setId(1);
    u.setName("tom");
    request.setAttribute("user",u);
%>
```

步骤 4：在页面上声明 taglib 指令。

```
<%@ taglib uri="http://java.sun.com/jsp/jstl/core" prefix="c" %>
```

步骤 5：在页面使用 c:out 标签输出一个 JavaBean 的值。

```
<%@page language="java" import="java.util.*,com.demo.bean.User"
pageEncoding="utf-8"%>
<%@taglib uri="http://java.sun.com/jsp/jstl/core" prefix="c"%>
<%
    User u=new User();
    u.setId(1);
    u.setName("tom");
    request.setAttribute("user",u);
%>
<!DOCTYPE HTML PUBLIC "-//W3C//DTD HTML 4.01 Transitional//EN">
<html>
<head>
<title>test2_1.jsp</title>
</head>
<body>
<h2>输出一个 Java Bean 属性</h2>
    <c:out value="${user.id}"></c:out><br/>
    <c:out value="${user.name}"></c:out>
</body>
</html>
```

步骤 6：发布工程，运行结果如图 7-7 所示。

图 7-7　程序运行结果

课堂提问

① JSTL 标签的作用是什么，使用标签有什么好处？

② JSTL 标准标签分为哪几类，每种类别各有什么作用，常用标签是哪一类？

③ 迭代循环 c:forEach 标签有哪些属性，各自的意义是什么？如何在页面上迭代循环共享域中的 List 对象和 Map 对象？

④ 如何使用 c:if 标签在不同的页面上输出不同的结果？

⑤ 如何使用 JSTL 输出一个 JavaBean 的各属性值？

单 元 小 结

本单元主要讲解了 EL 和 JSTL 标签的基本原理和用法，介绍了 EL 表达式的基本语法，常见的 EL 表达式的隐式对象、JSTL 的使用，其中重点介绍了 Core 标签库的使用。通过本单元的学习可以看到，EL 表达式和 JSTL 标签通常是配合使用的，使用 EL 表达式和 JSTL 标签，可以大大简化 JSP 页面中不必要的 Java 代码，使开发更高效、页面更简洁，使读者能更好地理解和应用 MVC 设计模式。

思 考 练 习

一、选择题

1. EL 表达式的语法是（　　）。

　　A. <%=　%>　　B. ${}　　　　　　C. <%!　%>　　　　D. <　/>

2. 表达式 ${8>9} 的结果是（　　）。

　　A. true　　　　B. false　　　　C. 8　　　　　　D. 9

3. 表达式 ${false && false} 的结果是（　　）。

　　A. true　　　　B. false　　　　C. error　　　　D. null

4. 使用 EL 表达式获得 Session 域中的对象 User_info，如果这个对象不存在，页面上显示（　　）。

　　A. null　　　　B. 报异常　　　　C. 不显示内容　　　D. User_info

5. JSTL 核心标签库的 URL 为（　　）。

　　A. http://java.sun.com/jsp/jstl/c

   B. http://java.sun.com/jsp/jstl/fmt

   C. http://java.sun.com/jsp/jstl/sql

   D. http://java.sun.com/jsp/jstl/core

6. 下列是循环控制标签的是（   ），可以输出一个 Map 对象到页面上。

   A. <c:forEach>   B. <c:while>

   C. <c:if>   D. <c:forTokens>

二、填空题

1. 用<c:set>标签向 request 域中存入 key 为 user 的对象 u，代码为_____。

2. <c:redirect>标签的作用是_____。

综合项目实战——在线购物商城 <<<

通过前面单元的学习，已经掌握了 Java Web 开发所必备的基础知识，本单元将应用前面章节所讲解的全部基础知识，来完成一个综合的项目——在线购物商城。

本单元包括以下几个任务：

● 掌握 MVC 设计模式和 DAO 设计模式
● 项目设计
● 关键技术实现

任务一 掌握 MVC 设计模式和 DAO 设计模式

必备知识

1. MVC 设计模式

在前面的学习中，多次提到了 MVC 设计模式。MVC 全名是 Model View Controller，是模型（Model）、视图（View）、控制器（Controller）的缩写。MVC 是一种软件设计规范，是一种采用业务逻辑、数据、界面显示分离的代码组织方法。运用 MVC 设计模式，可实现数据和业务的有效分离，如果只需要改进和个性化定制界面及用户交互方式，就不需要更改数据库底层，可以最大限度地重用代码。

在 MVC 模式中，Model（模型）表示应用程序核心（如数据库记录列表）、View（视图）用以显示数据（数据库记录）、Controller（控制器）用来处理输入（写入数据库记录）。

Model（模型）是应用程序中用于处理应用程序数据逻辑的部分，通常模型对象负责在数据库中存取数据。

View（视图）是应用程序中处理数据显示的部分，通常视图是依据模型数据创建的。

Controller（控制器）是应用程序中处理用户交互的部分，通常控制器负责从视图读取数据，控制用户输入，并向模型发送数据。

MVC 设计模式中，模型、视图、控制器三大组件之间的关系如图 8-1 所示。

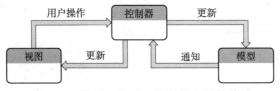

图 8-1　模型、视图、控制器之间的关系

MVC 设计模式具有以下优点：

（1）耦合性低

运用 MVC 的应用程序的 3 个部件相互独立，改变其中一个不会影响两个，所以依据这种设计思想能构造良好的松耦合的构件。模型是自包含的，并且与控制器和视图相分离，所以很容易改变应用程序的数据层和业务规则。如果把数据库从 MySQL 移植到 Oracle，或者改变基于 RDBMS 数据源到 LDAP，只需改变模型即可。

（2）重用性高

随着技术的不断进步，需要用越来越多的方式访问应用程序。MVC 模式允许使用各种不同样式的视图访问同一个服务器端的代码，因为多个视图能共享一个模型，包括任何 Web（HTTP）浏览器或者无线浏览器（WAP）。例如，用户可以通过计算机或手机订购某样产品，虽然订购方式不一样，但处理订购产品的方式是一样的。由于模型返回的数据没有进行格式化，所以同样的构件能被不同的界面使用。例如，很多数据可能用 HTML 表示，也可能用 WAP 表示，而这些表示所需要的命令是改变视图层的实现方式，而控制层和模型层无须做任何改变。

（3）生命周期成本低，部署快，可维护性高

MVC 使开发和维护用户接口的技术含量降低。使开发时间得到相当大的缩减，它使程序员（Java 开发人员）集中精力于业务逻辑，界面程序员（HTML 和 JSP 开发人员）集中精力于表现形式上。分离视图层和业务逻辑层也使得 Web 应用更易于维护和修改。

（4）有利于软件工程化管理

由于不同的层各司其职，每一层不同的应用具有某些相同的特征，有利于通过工程化、工具化管理程序代码。控制器也提供了一个好处，就是可以使用控制器连接不同的模型和视图完成用户的需求，这样控制器可以为构造应用程序提供强有力的手段。给定一些可重用的模型和视图，控制器可以根据用户的需求选择模型进行处理，然后选择视图将处理结果显示给用户。

2. Web 开发三层架构

根据 MVC 设计模式，Web 信息系统的开发架构一般分为：显示层、业务层、持久层。其中，显示层又称表现层，可以用 JSP/JSTL 标签/Servlet 等完成，用于给用户显示数据，实现信息交互。业务层处理具体的业务逻辑，包含一些特殊的业务规则，或者自定义的业务政策等，业务层类一般命名为×××Service，在 service 包中。持久层中一般对数据库进行原子操作，如增加、删除等，一般命名为×××Dao，在 dao 包中。比如，用户登录、验证用户名和密码是否正确，这是具体的业务，由业务层操作，而通过条件进行查询，得到数据库中一条记录，这是持久层操作。Web 开发三层

架构如图 8-2 所示。

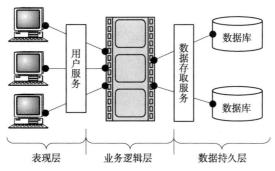

图 8-2　Web 开发三层架构

3．DAO 设计模式

DAO 设计模式属于 Web 开发中持久层的设计范畴，使用 DAO 设计模式可以简化大量代码，增强程序的可移植性。

一个标准的 DAO 设计模式一般分为以下几部分：

（1）VO

VO（Value Object）一般为实体类（从某种意义上 JavaBean 就是 VO）。VO 是一个用于存放网页的一行数据即一条记录的类，比如网页要显示一个用户的信息，则这个 VO 类就是用户类 User。VO 类是一个包含属性和表中字段完全对应的类，并在该类中提供 setter() 和 getter() 方法来设置和获取该类中的属性。

（2）DatabaseConnection

数据库连接类，主要功能是连接数据库并获得连接对象，以及关闭数据库。通过数据库连接类可以大大简化开发，在需要进行数据库连接时，只需创建该类的实例，并调用其中的方法即可获得数据库连接对象和关闭数据库，不必再进行重复代码编写。

（3）DAO 接口

DAO 接口用于声明对于数据库的操作。DAO 接口中定义了所有的用户操作，如添加记录、删除记录及查询记录等，在接口中一般仅定义抽象方法，需要子类实现。

（4）DAO 实现类

DAO 实现类实现了 DAO 接口，并实现了接口中定义的所有方法，如 UserDaoImpl 实现了 UserDao 接口。

（5）DAO 工厂类

在没有 DAO 工厂类的情况下，必须通过 new 关键字创建 DAO 实现类的实例才能完成数据库操作。例如：

```
UserDao dao=new UserDaoImpl();
```

这时就必须引用到具体的子类名，造成层级之间的代码耦合，对于后期的修改非常不方便。

使用 DAO 工厂类，通过该 DAO 工厂类的一个静态方法来获取 DAO 实现类实例，可以比较方便地对代码进行管理，而且可以很好地解决后期修改的问题。这时如果要替换 DAO 实现类，只需要修改该 DAO 工厂类中的方法代码，而不必修改所有的操作数据库代码。工厂类的代码如下：

扫一扫

```
public class DaoFactory{
    public static UserDao getUserDAOInstance(){
        return new UserDaoImpl();
    }
}
```

视频 8.1 DAO 设计模式

任务透析

DAO 设计模式应用：使用 DAO 设计模式，实现数据的持久化操作。

步骤 1：编写数据库连接类，获得数据库连接对象。

```
import java.sql.Connection;
import java.sql.DriverManager;
import java.sql.SQLException;
import java.sql.Statement;
public class ConnectionUtil{
  // 得到数据库连接对象
  public static  Connection getConnection() throws Exception {
    // 加载驱动程序
    Class.forName("com.mysql.jdbc.Driver");
    Connection con=DriverManager.getConnection(
"jdbc:mysql://localhost:3306/shop", "root", "123");
    return  con;
  }

  public static void closeConnection(Statement statement, Connection
connection){
    if(statement!=null){
      try{
        statement.close();
      }catch (SQLException e) {
        e.printStackTrace();
      }
      statement=null;
    }
    if(connection!=null){
      try{
        connection.close();
      }catch (SQLException e){
        e.printStackTrace();
      }
      connection=null;
    }
  }
}
```

步骤 2：编写实体类（对应了数据库 shop 中的 user 表）。

```
public classUser{
   private int id;
   private String username;
   private String password;
   public int getId(){
      return id;
   }
   public void setId(int id){
      this.id=id;
   }
   public String getUsername(){
      return username;
   }
   public void setUsername(String username){
      this.username=username;
   }
   public String getPassword(){
      return password;
   }
   public void setPassword(String password){
      this.password=password;
   }
}
```

步骤 3：编写数据库访问接口 UserDao。

```
public interface UserDao{
   public booleanaddUser(User u);
   public List<User> listAllUser();
   public boolean delUserById(Integer id);
   public boolean updateUser(User user);
}
```

步骤 4：编写实现类 UserDaoImpl。

```
public class UserDaoImpl implements UserDao{
   public boolean addUser(User u){
     Connection connection=null;
     PreparedStatement preparedStatement=null;
     try{
        connection=ConnectionUtil.getConnection();
        preparedStatement=connection.prepareStatement("insert into
user(username,password) values(?,?)");
        preparedStatement.setString(1,u.getUsername());
        preparedStatement.setString(2,u.getPassword());
        int i=preparedStatement.executeUpdate();
        if(i>0){
          return  true;
        }
        return  false;
     } catch(Exception e){
```

```
          e.printStackTrace();
      }
      finally{
        ConnectionUtil.closeConnection(preparedStatement,connection);
      }
      return  false;
  }

  public List<User> listAllUser(){
      Connection connection=null;
      Statement statement=null;
      List<User> list=new ArrayList<User>();
      try{
        connection=ConnectionUtil.getConnection();
        statement=connection.createStatement();
        String sql="select * from user";
        ResultSet rs=statement.executeQuery(sql);
        while(rs.next()){
          User u=new User();
          u.setId(rs.getInt("id"));
          u.setUsername(rs.getString("username"));
          u.setPassword(rs.getString("password"));
          list.add(u);
        }
        return  list;
      }catch (Exception e){
        e.printStackTrace();
      }
      finally{
        ConnectionUtil.closeConnection(statement, connection);
      }
      return  null;
  }
  public boolean delUserById(Integer id){
      Connection connection=null;
      PreparedStatement preparedStatement=null;
      try{
        connection=ConnectionUtil.getConnection();
        String sql="delete from user where id=? ";
        preparedStatement=connection.prepareStatement(sql);
        preparedStatement.setInt(1,id);
        int i=preparedStatement.executeUpdate();
        if(i>0){
          return  true;
        }
        return  false;
      } catch (Exception e){
        e.printStackTrace();
      }
      finally{
        ConnectionUtil.closeConnection(preparedStatement,connection);
```

```
    }
    return  false;
  }

  public boolean updateUser(User user){
    Connection connection=null;
    PreparedStatement preparedStatement=null;
    try{
        connection=ConnectionUtil.getConnection();
        String sql="update user set username=?,password=? where id=?";
        preparedStatement=connection.prepareStatement(sql);
        preparedStatement.setString(1,user.getUsername());
        preparedStatement.setString(2,user.getPassword());
        preparedStatement.setInt(4,user.getId());
        int i=preparedStatement.executeUpdate();
        if(i>0){
          return  true;
        }
        return  false;
    } catch(Exception e){
      e.printStackTrace();
    }
    finally{
      ConnectionUtil.closeConnection(preparedStatement,connection);
    }
    return  false;
  }
}
```

步骤5：编写工厂类，得到数据库持久层对象。

```
public class DaoFactory{
  public static  UserDao getUserDAOInstance(){
     return new UserDaoImpl();
  }
}
```

步骤6：在 Servlet 中调用持久层的添加方法，调用工厂类进行对象的获得，此处省略了业务层，直接在 Servlet 中调用持久层对象。

```
public class AddUserServletextends HttpServlet{
   public void doGet(HttpServletRequest request, HttpServletResponse
response)throws ServletException, IOException {
     UserDao userDao=DaoFactory.getUserDAOInstance();
     User u=new User();
     u.setUsername("tom");
     u.setPassword("123");
     userDao.addUser(u);
     PrintWriter out=response.getWriter();
     out.print("success");
   }
```

```
    public void doPost(HttpServletRequest request, HttpServletResponse
response)throws ServletException, IOException{
        doGet( request,response);
    }
}
```

任务二　项目设计

必备知识

1. 需求分析

在软件工程中,需求分析指的是在建立一个新的或改变一个现存的计算机系统时描写新系统的目的、范围、定义和功能时所要做的所有的工作。需求分析是软件工程中的一个关键过程,在这个过程中,系统分析员和软件工程师确定顾客的需要,只有在确定了这些需要后,他们才能够分析和寻求新系统的解决方法。因此,需求分析阶段的任务是确定软件系统功能,只有准确地进行系统需求分析后,才能保证系统开发成功。

本项目是一个网络购物平台,按照项目需求分析方法,对"在线购物商城"的需求分析结果如下:

(1)系统前台功能需求

① 用户登录、用户注册。用户可以通过合法的用户名进行注册。注册成功后,即可登录进行商品购买。

② 商品展示,主要分为两部分:

上边导航菜单:商品类型数据加载显示;

商品分页显示:根据选择的商品类别,分页展示商品。

③ 购物车:加入商品到购物车,查看购物车,编辑购物车中的商品。

显示所有已购买的商品、数量、价格;

显示金额总计;

显示继续购物或结算按钮。

④ 提交订单:会员必须登录才能操作此页面;在此页面会员可以核对自己购物车生成的订单信息;核对收货信息;会员核实完相关信息后,可提交订单,即完成购物。

⑤ 个人中心:用户必须登录后才能操作此页面;用户可以查看自己的注册信息;用户可以查看所有的订单信息,以及每个订单的详细信息。

(2)系统后台功能需求

① 管理员登录。管理员根据初始密码进行登录。

② 用户管理。管理员需要登录后才能进入此页面,可进行以下操作:

分页查询用户列表;

修改用户信息;

删除用户功能。

③ 商品类型管理。管理员需要登录后才能进入此页面,可进行以下操作:

查询商品类型；

添加商品类型；

修改商品类型；

删除商品类型。

④ 商品管理。管理员需要登录后才能进入此页面，可进行以下操作：

分页查询商品（分类查询商品）；

添加商品；

修改商品；

删除商品。

⑤ 订单管理。管理员需要登录后才能进入此页面，可进行以下操作：

按会员分页查询订单功能；

订单发货功能；

根据订单查看该订单所有明细功能。

2. 项目功能结构图（见图 8-3 和图 8-4）

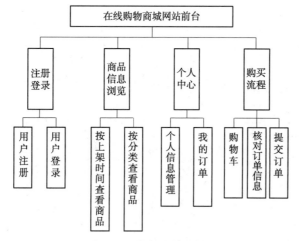

图 8-3 前台功能结构图

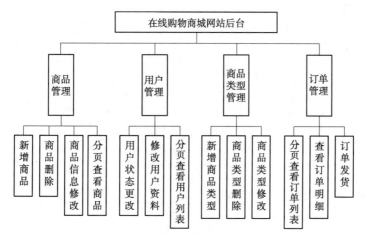

图 8-4 后台功能结构图

3. 数据库设计

本项目数据库的 E-R 图如图 8-5 所示。

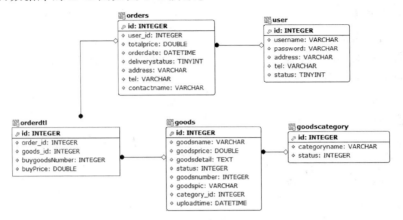

图 8-5 数据库 E-R 图

数据库的创建代码如下：

```
CREATE DATABASE 'shop';
USE 'shop';
CREATE TABLE 'goods'(
    'id' int(11) NOT NULL auto_increment,
    'goodsname' varchar(11) default NULL,
    'goodsprice' double(15,3) default NULL,
    'goodsdetail' text,
    'status' int(11) default '0',
    'goodsnumber' int(11) default NULL,
    'goodspic' varchar(100) default NULL,
    'category_id' int(11) default NULL,
    'uploadtime' datetime default NULL,
    PRIMARY KEY('id'),
    KEY 'category_id'('category_id'),
    CONSTRAINT 'goods_ibfk_1' FOREIGN KEY('category_id') REFERENCES
'goodscategory'('id')
  )ENGINE=InnoDB DEFAULT CHARSET=utf8;
  CREATE TABLE 'goodscategory'(
    'id' int(11) NOT NULL auto_increment,
    'categoryname' varchar(20) default NULL,
    'status' int(11) default '0',
    PRIMARY KEY  ('id')
) ENGINE=InnoDB DEFAULT CHARSET=utf8;
CREATE TABLE 'orderdtl' (
    'id' int(11) NOT NULL auto_increment,
    'order_id' int(11) default NULL,
    'goods_id' int(11) default NULL,
    'buygoodsNumber' int(11) default NULL,
    'buyPrice' double default NULL,
    PRIMARY KEY  ('id'),
```

```
        KEY 'order_id' ('order_id'),
        KEY 'goods_id' ('goods_id'),
        CONSTRAINT 'orderdtl_ibfk_1' FOREIGN KEY ('order_id') REFERENCES
'orders' ('id'),
        CONSTRAINT 'orderdtl_ibfk_2' FOREIGN KEY ('goods_id') REFERENCES
'goods' ('id')
   ) ENGINE=InnoDB DEFAULT CHARSET=utf8;
   CREATE TABLE 'orders'(
      'id' int(11) NOT NULL auto_increment,
      'user_id' int(11) default NULL,
      'totalprice' double(15,3) default NULL,
      'orderdate' datetime default NULL,
      'deliverystatus' tinyint(11) default '0',
      'address' varchar(255) default NULL,
      'tel' varchar(50) default NULL,
      'contactname' varchar(20) default NULL,
      PRIMARY KEY ('id'),
      KEY 'user_id' ('user_id'),
      CONSTRAINT 'orders_ibfk_1' FOREIGN KEY ('user_id') REFERENCES 'user'
('id')
   ) ENGINE=InnoDB DEFAULT CHARSET=utf8;
   CREATE TABLE 'user'(
      'id' int(11) NOT NULL auto_increment,
      'username' varchar(20) default NULL,
      'password' varchar(11) default NULL,
      'address' varchar(255) default NULL,
      'tel' varchar(11) default NULL,
      'status' tinyint(4) default '0',
      PRIMARY KEY ('id')
   ) ENGINE=InnoDB DEFAULT CHARSET=utf8;
```

任务三 关键技术实现

必备知识

鉴于本书为 Java Web 开发入门教程，为了降低难度，本任务省略掉业务层，直接在 Serlvet 中调用持久层对象，实现数据的持久化。

限于篇幅，下面仅列出本任务的重点难点部分，其他部分代码请参考源代码。

1. 分页处理

MySQL 分页查询的语句为：Select * from 表名 limit startrow,pagesize。其中，pagesize 为每页显示的记录条数，startrow 为从哪行开始显示。计算公式为：startrow =(第?页−1)×pagesize。例如：

```
select * from user where status =0 order by id asc limit 0,2
  //第1页，返回1、2条数据，startrow=0 pagesize=2
```

```
select * from user where status =0 order by id asc limit 2,2
//第 2 页，返回 3、4 条数据，startrow=2 pagesize=2
select * from user where status =0 order by id asc limit 4,2
//第 3 页，返回 5、6 条数据，startrow=4 pagesize=2
```

分页查询的实现思路：

① 编写 Dao 接口，编写实现分页查询的方法和得到总记录条数的方法。

② 编写分页查询的 Servlet，接受页码参数，调用分页查询的 Dao 方法。

③ 编写分页显示页面，在页面上调用分页查询 Servlet，将需要访问的页码传入。

本单元中商品列表分页显示的具体实现步骤如下：

步骤 1：编写 GoodsDao 接口，以及实现类 GoodsDaoImpl，其中有分页查询方法，以及返回商品数目的方法。

```
public interface GoodsDao{
    public List<Goods> listGoodsByPage(int pageIndex,int pageSize);
    public int countGoods(); //返回所有的商品数目
}
public class GoodsDaoImpl implements GoodsDao{
    @Override
    public List<Goods> listGoodsByPage(int pageIndex, int pageSize){
        ConnectionUtil util=new ConnectionUtil();
        Connection conn=null;
        PreparedStatement ps=null;
        List<Goods> list=new ArrayList<Goods>();
        try{
            String sql="select * from goods where status=0 order by id asc
limit ?,?";
            // 第一个？: (pageIndex-1)*pageSize
            // 第二个？: pageSize
            conn=util.getConnection();
            ps=conn.prepareStatement(sql);
            ps.setInt(1, (pageIndex-1)*pageSize);
            ps.setInt(2, pageSize);
            ResultSet rs=ps.executeQuery();
            while (rs.next()){
                int id=rs.getInt("id");
                String goodsName=rs.getString("goodsname");
                double goodsPrice=rs.getDouble("goodsprice");
                String goodsDetail=rs.getString("goodsdetail");
                String goodsPic=rs.getString("goodspic");
                int category_id=rs.getInt("category_id");
                Date uploadDate=rs.getDate("uploaddate");
                Goods goods=new Goods();
                goods.setId(id);
                goods.setGoodsName(goodsName);
                goods.setGoodsPrice(goodsPrice);
                goods.setGoodsDetail(goodsDetail);
                goods.setGoodsPic(goodsPic);
                goods.setUploadDate(uploadDate);
```

```
                        goods.setCategory_id(category_id);
                        goods.setUploadDate(uploadDate);
                        list.add(goods);
            }
        } catch (SQLException e){
            e.printStackTrace();
        }
        finally{
            if(conn!=null)
                try{
                    conn.close();
                }catch (SQLException e){
                    // TODO Auto-generated catch block
                    e.printStackTrace();
                }
        }
        return  list;
    }
    public int countGoods(){ // 返回所有的商品数目
        ConnectionUtil util=new ConnectionUtil();
        Connection conn=util.getConnection();
        try{
            String sql="select count(*) from goods where status=0";
            PreparedStatement ps=conn.prepareStatement(sql);
            ResultSet rs=ps.executeQuery();
            if(rs.next()){
                int number=rs.getInt(1);
                return  number;
            }
        } catch (SQLException e){
            e.printStackTrace();
        } finally{
            if(conn!=null)
                try{
                    conn.close();
                } catch (SQLException e){
                    // TODO Auto-generated catch block
                    e.printStackTrace();
                }
        }
        return  0;
    }
    @Override
    public void addGoods(Goods goods){
    }
    @Override
    public Goods getGoodsById(int id){
        return  null;
    }
}
}
```

步骤 2：编写分页查询的 Servlet，需接收一个页码参数，作为传入 Dao 的参数。

在此 Servlet 中，首先得到总记录条数 totalCount，设置每个页面显示的记录条数 pagesize，通过 totalCount/pageSize 得到总页数。将总页数及当前页码数的值，转发到 JSP 页面。此处还需要判断 pageIndex 的合法性（是否为空、是否大于总页数），如果没有传递参数，默认访问第一页。

```java
public class ListAllGoodsForUserServletextends HttpServlet{
    public void doGet(HttpServletRequest request, HttpServletResponse
response)throws ServletException, IOException {
        GoodsDao dao=DaoFactory.getGoodsDaoInstance();
        String pageIndex_String=request.getParameter("pageIndex");
                        //传递一个参数 pageIndex 给 Servlet，作为当前请求的页面
        int pageIndex;
        int pageSize=6;   //设置每个页面显示的记录条数为 3 条
        //判断 pageIndex 的合法性：如果没有传递参数，默认访问第一页
        if(pageIndex_String==null||"".equals(pageIndex_String))
            pageIndex=1;
        else
            pageIndex=Integer.parseInt(pageIndex_String);
        int totalCount=dao.countGoods();   //得到总记录条数
        //计算出总页数：如果总记录数能整除每页显示的记录，就是相除的结果，否则结果
        //加 1
        int totalPage=(totalCount%pageSize==0)?totalCount/pageSize:
totalCount/pageSize+1;
        //如果输入的页码数大于总页数，则显示到最后一页
        if(pageIndex>totalPage)
            pageIndex=totalPage;
        //pageIndex 为当前请求的页面，pageSize 为每个页面显示的记录条数
        List<Goods> list=dao.listGoodsByPage(pageIndex, pageSize);
        request.setAttribute("GoodsList", list);
        //页面上还需要用到总记录条数和当前的页码数，因此将其发送到页面上
        request.setAttribute("totalPage", totalPage);
        request.setAttribute("pageIndex", pageIndex);
        request.getRequestDispatcher("/index_replace.jsp").forward
(request,response);
    }
    public void doPost(HttpServletRequest request, HttpServletResponse
response)throws ServletException, IOException{
        doGet(request,response);
    }
}
```

步骤 3：编写商品分页显示页面。

需要在页面上做一些限制，如果已经是第一页，就去掉首页和上一页的超链接；如果已经是最后一页，就去掉下一页和尾页的超链接。避免上一页可以一直点击到负数，下一页也可以无限增加的问题，采用 c:if 标签进行判断。代码如下：

```jsp
<%@page language="java" import="java.util.*" pageEncoding="utf-8"%>
<%@taglibprefix="c"uri="http://java.sun.com/jsp/jstl/core"%>
<!DOCTYPE HTML PUBLIC "-//W3C//DTD HTML 4.01 Transitional//EN">
```

```html
<html>
<head>
<title>listAllGoods.jsp</title>
</head>
<body>
    <table width="80%" border="1" align="center">
        <tr>
            <th>商品编号</th>
            <th>商品名称</th>
            <th>商品价格</th>
            <th></th>
        </tr>
        <c:forEachitems="${GoodsList}"var="goods">
            <tr>
                <td>${goods.id}</td>
                <td>${goods.goodsName}</td>
                <td>${goods.goodsPrice}</td>
                <td><a href="#">查看详情</a></td>
            </tr>
        </c:forEach>
    </table>
    <tablealign="center">
        <tr>
            <!-- 当页码为1时，首页与上一页不能点 -->
            <c:if test="${pageIndex==1}">
                <td>[首页]</td>
                <td>[上一页]</td>
            </c:if>
            <c:if test="${pageIndex>1}">
                <td>[<a href="servlet/admin/ListAllGoodsForAdmin-Servlet?
pageIndex=1">首页</a>]</td>
                <td>[<a href="servlet/admin/ListAllGoodsForAdmin-Servlet?
pageIndex= ${pageIndex - 1}">上一页</a>]</td>
            </c:if>
            <!-- 当页码为总页数时，尾页与下一页不能点 -->
            <c:if test="${pageIndex==totalPage}">
                <td>[下一页]</td>
                <td>[尾页]</td>
            </c:if>
            <c:if test="${pageIndex<totalPage}">
                <td>[<a href="servlet/admin/ListAllGoodsForAdmin-Servlet?
pageIndex= ${pageIndex+1}">下一页</a>]</td>
                <td>[<a href="servlet/admin/ListAllGoodsForAdmin-Servlet?
pageIndex= ${totalPage}">尾页</a>]</td>
            </c:if>
            <td><input type="text" id="num" size="2"/><input type= "button" id=
"btn" value="跳转"/></td>
        </tr>
    </table>
    <!-- 按钮的js代码 -->
```

```
    <script type="text/javascript">
       document.getElementById("btn").onclick=function(){
         var num=document.getElementById("num").value;
         var totalPage="${totalPage}";
         // 判断不是一个数字就返回 true isNaN(num)
         if (!/^[0-9]+$/.test(num) || parseInt(num)<1 || parseInt (num)>
totalPage){
              alert("请输入[1-${totalPage}]之间的页码! ");
         }else{
              window.location.href="servlet/admin/ListAllGoods-ForAdmin-
Servlet? pageIndex="+num;
         }
       };
    </script>
  </body>
</html>
```

分页运行结果如图 8-6 所示。

商品编号	商品名称	商品价格	
1	iphone6手机	5000.0	查看详情
2	ipad	3000.0	查看详情
3	sony	3050.0	查看详情

[首页][上一页][下一页][尾页] 3 [跳转]

图 8-6 分页运行结果图

2. UEditor 编辑器的使用

UEditor 是由百度 Web 前端研发部开发的所见即所得的富文本 Web 编辑器，具有轻量、可定制、注重用户体验等特点，开源基于 MIT 协议，允许自由使用和修改代码，具有以下特点：

① 功能全面：涵盖流行富文本编辑器特色功能，独创多种全新编辑操作模式。

② 用户体验：屏蔽各种浏览器之间的差异，提供良好的富文本编辑体验。

③ 开源免费：开源基于 MIT 协议，支持商业和非商业用户的免费使用和任意修改。

④ 定制下载：细粒度拆分核心代码，提供可视化功能选择和自定义下载。

⑤ 专业稳定：百度专业 QA 团队持续跟进，上千自动化测试用例支持。

UEditor 的下载地址为 http://fex.baidu.com/ueditor/，页面如图 8-7 所示，下载时需选择对应的 JSP 的版本。

图 8-7 UEditor 下载页面

注意：

因为 UEditor 编辑器是 utf-8 的环境下开发的，因此里面的中文文档注释必须在 utf-8 环境下才能正确显示。将 Eclipse 的开发环境也设置为 utf-8。以后都在 utf-8 环境下开发。设置方式：Eclipse→Window→Preference→Workspace，如图 8-8 所示。

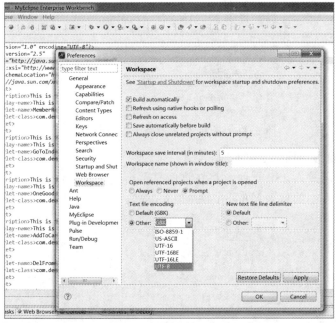

图 8-8　将 Eclipse 的语言环境设置为 utf-8

UEditor 的使用步骤如下：

步骤 1：将下载的包 ueditor1_4_3_3-utf8-jsp.zip 解压缩，在工程 Webroot 下建立一个文件夹 ueditor（名称可以自定义），将解压缩内容复制到工程中，如图 8-9 所示。

如果包中的 js 文件出现一些错误标记，可以右击文件，在弹出的快捷菜单中选择 My Eclipse→Exclude From Validation 命令，如图 8-10 所示。

图 8-9　将 ueditor 包复制到工程下

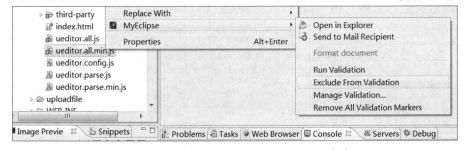

图 8-10　选择 Exclude From Validation 命令

还需要将编辑器中所需要用到的 jar 包复制到工程的 lib 中，如图 8-11 所示。

图 8-11　将 jar 包复制到工程的 Lib 中

步骤 2：将编辑器插入 JSP 页面。

将下面的代码放入 JSP 页面，将在页面显示出编辑器，注意此时 src 中指定编辑器相关插件在工程中的目录是/ueditor/ueditor.config.js。

```
<body>
    <!-- 加载编辑器的容器 -->
    <script id="container"name="content"type="text/plain"style="width:
1000px;height:240px;">
    在这里添加商品介绍......
    </script>
    <!-- 配置文件 -->
    <script type="text/javascript"
      src="<%=basePath%>/ueditor/ueditor.config.js"></script>
    <!-- 编辑器源码文件 -->
    <script type="text/javascript"
      src="<%=basePath%>/ueditor/ueditor.all.js"></script>
    <!-- 实例化编辑器 -->
    <script type="text/javascript">
      var ue=UE.getEditor('container');
    </script>
</body>
```

修改后，运行程序，得到编辑器，如图 8-12 所示。

图 8-12　编辑器运行结果

3．商品加入购物车

本案例的购物车采用 Session 域中的共享对象来实现。编写一个购物车管理类 ShoppingCart，里面有一个 Map 类型的集合保存购物车中商品的信息，购物车管理类中还具有返回购物车、增加商品到购物车、删除购物车中的商品的业务方法。当用户修改了购物车后，将购物车对象共享到 Session，下次操作购物车时，需要从 Session 中取得购物车对象。

购物车功能的关键代码如下：（更详细代码请参考源码）

步骤 1：编写购买商品类，此类封装了商品对象以及购买数量。

```java
public class ShoppingGoods implements Serializable{
    Integer shoppingNumber;  //商品的购买数量
    Goods goods;
    public Integer getShoppingNumber(){
        return shoppingNumber;
    }
    public void setShoppingNumber(Integer shoppingNumber){
        this.shoppingNumber=shoppingNumber;
    }
    public Goods getGoods(){
        return goods;
    }
    public void setGoods(Goods goods){
        this.goods=goods;
    }
    public ShoppingGoods(){
    }
    public ShoppingGoods(Integer shoppingNumber, Goods goods){
        super();
        this.shoppingNumber=shoppingNumber;
        this.goods=goods;
    }
}
```

步骤 2：编写购物车类。

```java
public class ShoppingCart{
    private Map<Integer,ShoppingGoods>cart_map=new HashMap<Integer,
ShoppingGoods>();
    //添加商品到购物车:
    public void addToCart(ShoppingGoods addGoods){
        Integer id=addGoods.getGoods().getId(); //获得将要添加商品的 id
        ShoppingGoods goods=cart_map.get(id);
        if(goods!=null){
            //已有商品，得到原有商品的数量
            int number_old=goods.getShoppingNumber();
            //得到叠加的数量
            int number_new=addGoods.getShoppingNumber()+number_old;
            //按照新的数量重新创建一个购物车中的对象
```

```
        ShoppingGoods shoppingGoods_new=new ShoppingGoods (number_new,
addGoods.getGoods());
        cart_map.put(shoppingGoods_new.getGoods().getId(),shoppingGoods_new);
    }
    else{
        //没有这个商品
        cart_map.put(addGoods.getGoods().getId(), addGoods);
    }
}
//列出购物车中所有的商品
public Map<Integer,ShoppingGoods> getAllGoods(){
    return cart_map;
}
//删除购物车中的商品
public void delFromCart(Integer id){
    cart_map.remove(id);
}
}
```

步骤 3：单击购物车按钮，调用 AddToCartServlet，将购物车对象存入 Session，每次加入新商品到购物车时，从 Session 中取出购物车对象，加入新商品到 Map 集合中，再次共享到 Session 中。下面代码是加入购物车的 Servlet 类。

```
public class AddToCartServlet extends HttpServlet{
    public void doGet(HttpServletRequest request, HttpServletResponse
response)throws ServletException, IOException{
        //获得表单提交的商品信息
        String goodsName=request.getParameter("goodsName");
        goodsName=new String(goodsName.getBytes("iso8859- 1"),"utf-8");
        Integer goodsId=Integer.parseInt(request.getParameter("goodsId"));
        Integer shoppingNumber=Integer.parseInt(request.getParameter
("shoppingNumber"));
        Double goodsPrice=Double.parseDouble( request. GetParameter
("goodsPrice"));
        Goods goods=new Goods();
        goods.setId(goodsId);
        goods.setGoodsName(goodsName);
        goods.setGoodsPrice(goodsPrice);
        //将 goods 和 shopingNumber 一起封装成 ShoppingGoods.java
        ShoppingGoods shoppingGoods=new ShoppingGoods(shoppingNumber,
goods);
        ShoppingCart cart=(ShoppingCart) request.getSession(). GetAttribute
("Shopping_Cart");
        if(cart!=null){
            //已经有购物车
            cart.addToCart(shoppingGoods);
        }
        else{
            //新建购物车
```

```
        cart=new ShoppingCart();
        cart.addToCart(shoppingGoods);
    }
    //将购物车重新共享到session中
    request.getSession().setAttribute("Shopping_Cart", cart);
    request.setAttribute("CART", cart.getAllGoods());
    request.getRequestDispatcher("/cart.jsp").forward(request,response);
    }
    public void doPost(HttpServletRequest request, HttpServletResponse
response)throws ServletException, IOException{
        doGet(request,response);
    }
}
```

步骤4：编写购物车显示 JSP 页面，将 Session 中共享的 CART 对象取出，采用 JSTL 标准标签将购物车中的信息展现出来。

```
购物车中商品列表如下：<br>
<form action="servlet/SubmitCartServlet">
<table>
    <tr>
        <th>商品编号</th>
        <th>商品名称</th>
        <th>商品价格</th>
        <th>商品数量</th>
        <th></th>
    </tr>
    <c:forEachitems="${CART}"var="aa">
        <tr>
        <td>${aa.key}</td>
        <td>${aa.value.goods.goodsName}</td>
        <td>${aa.value.goods.goodsPrice}</td>
        <td><input type="text" name="shoppingNumber" value="${aa.value.
shoppingNumber}" size="5">
        </td>
        <td><a  href="servlet/DelFromCartServlet?del_id=${aa.key}"> 删 除
</a>
        </td>
    </tr>
    <input type="hidden" name="goodsId" value="${aa.key}">
    <input type="hidden" name="goodsPrice" value="${aa.value.goods.
goodsPrice}">
    </c:forEach>
</table>
<input type="submit" value="去结算"/>
</form>
<br><a href="<%=basePath%>/index.jsp">继续购物</a>
```

购物车运行结果如图 8-13 所示。

图 8-13　购物车运行结果

4. 提交订单

提交订单需要编写持久层的 OrderDao 及 OrderDaoImpl 类，保存订单需要同时写入两个表：订单表和订单详情表。因此，在保存订单的方法中接收两个实体对象作为参数，分别是 Order 类型的对象 o 和 List<Order_dtl>类型的对象 oDtllist。

因为涉及 3 个表的操作：订单表、订单详情表和商品表中数量进行更新，此处采用事务实现，详细代码请参考教材源码。

步骤 1：编写订单、订单详情实体类 Order 和 Orderdtl。

```java
public class Order{
    private int id;
    private int user_id;
    private Double totalprice;
    private java.sql.Timestamp orderDate;
    privateshortdeliverystatus;
    public java.sql.Timestamp getOrderDate(){
        return orderDate;
    }
    public void setOrderDate(java.sql.Timestamp orderDate){
        this.orderDate=orderDate;
    }
    public int getId(){
        return id;
    }
    public void setId(int id){
        this.id=id;
    }
    public int getUser_id(){
        return user_id;
    }
    public void setUser_id(int user_id){
        this.user_id=user_id;
    }
```

```java
    public Double getTotalprice(){
        return totalprice;
    }
    public void setTotalprice(Double totalprice){
        this.totalprice=totalprice;
    }
    publicshort getDeliverystatus(){
        return deliverystatus;
    }
    public void setDeliverystatus(short deliverystatus){
        this.deliverystatus=deliverystatus;
    }
}
public class Orderdtl{
    private int id;
    private int order_id;
    private int goods_id;
    private int buygoodsnumber;
    public int getId(){
        return id;
    }
    public void setId(int id){
        this.id=id;
    }
    public int getOrder_id(){
        return order_id;
    }
    public void setOrder_id(int order_id){
        this.order_id=order_id;
    }
    public int getGoods_id(){
        return goods_id;
    }
    public void setGoods_id(int goods_id){
        this.goods_id=goods_id;
    }
    public int getBuygoodsnumber(){
        return buygoodsnumber;
    }
    public void setBuygoodsnumber(int buygoodsnumber){
        this.buygoodsnumber=buygoodsnumber;
    }
}
```

步骤 2：编写 OrderDao 接口和 OrderDaoImpl 实现类，编写添加订单的持久层方法 saveOrder()。

OrderDao 接口代码如下：

```java
import java.util.List;
import com.shop.bean.Orderdtl;
import com.shop.bean.Orders;
public interface OrderDao{
```

```
        public int saveOrder(Orders o,List<Orderdtl> oDtllist);
    }
```

OrderDaoImpl 实现类代码如下：

```
import java.sql.Connection;
import java.sql.PreparedStatement;
import java.sql.ResultSet;
import java.sql.SQLException;
import java.util.List;
import com.shop.bean.Orderdtl;
import com.shop.bean.Orders;
import com.shop.util.ConnectionUtil;
public class OrderDaoImpl implements OrderDao{
    public int saveOrder(Orders o,List<Orderdtl> oDtllist){  //保存订单
                            //时，使用事务同时更新其他几个表：订单详情表、商品表
        int id=0;
        ConnectionUtil cu=new ConnectionUtil();
        Connection con=cu.getConnection();
        String  sql1="insert into orders(user_id,totalprice,orderdate)
values(?,?,?)";
        String sql2="insert into orderdtl(order_id,goods_id, buygoodsnumber,
buyPrice) values(?,?,?,?)";
        String sql3="update goods set goodsnumber=goodsnumber-?where id=?";
        try{
            con.setAutoCommit(false);
            System.out.println("开始事务");
            PreparedStatement ps=con.prepareStatement(sql1);
            ps.setInt(1, o.getUser_id());
            ps.setDouble(2, o.getTotalprice());
            ps.setTimestamp(3, o.getOrdersDate());
            ps.executeUpdate();
            System.out.println("第一个表插入");
            //得到JDBC Insert 语句执行后插入数据库记录的主键
            ResultSet rs=ps.getGeneratedKeys();
            while(rs.next()){
                id=rs.getInt(1);
            }
            for(Orderdtl odtl : oDtllist){
                ps=con.prepareStatement(sql2);
                ps.setInt(1, id);
                ps.setInt(2,odtl.getGoods_id());
                ps.setInt(3, odtl.getBuygoodsnumber());
                ps.setDouble(4, odtl.getBuyPrice());
                ps.executeUpdate();
                System.out.println("第2个表修改");
                ps=con.prepareStatement(sql3);
                ps.setInt(1, odtl.getBuygoodsnumber());
                ps.setInt(2, odtl.getGoods_id());
                ps.executeUpdate();
```

```
        System.out.println("第 3 个表修改");
    }
    System.out.println("提交事务");
    con.commit();
    con.close();
    return id;
}catch (SQLException e){
    // TODO Auto-generated catch block
    e.printStackTrace();
    try{
        con.rollback();
    } catch (SQLException e1) {
        // TODO Auto-generated catch block
        e1.printStackTrace();
    }
}
finally{
    if(con!=null)
        try{
            con.close();
        }catch (SQLException e){
            // TODO Auto-generated catch block
            e.printStackTrace();
        }
    }
    return id;
}
```

步骤 3：编写提交购物车的 Servlet，调用 OrderDao 中的 saveOrder()方法。此处需要预先判断用户是否登录。如果没有登录，则跳转到登录页面，如图 8-14 所示；如果已经登录，则跳转到确认订单页面，如图 8-15 所示。

图 8-14 登录页面

图 8-15　确认订单页面

提交购物车 SubmitCartServlet 代码如下：

```java
import java.io.IOException;
import java.io.PrintWriter;
import java.util.Map;
import javax.servlet.ServletException;
import javax.servlet.http.HttpServlet;
import javax.servlet.http.HttpServletRequest;
import javax.servlet.http.HttpServletResponse;
import com.shop.bean.Goods;
import com.shop.bean.User;
import com.shop.otherbean.ShoppingCart;
import com.shop.otherbean.ShoppingGoods;
public class SubmitCartServlet extends HttpServlet{
    public void doGet(HttpServletRequest request, HttpServletResponse
response)throws ServletException, IOException{
        User u=(User) request.getSession().getAttribute("LoginUser");
    if(u != null){ // 已经登录
       String id_String[]=request.getParameterValues("id");
       String goodsPrice_String[]=request.getParameterValues("goodsPrice");
       String shoppingNumber_String[]=request.getParameterValues
("shoppingNumber");
        String goodsName_old[]=request.getParameterValues("goodsName");
       ShoppingCart cart=new ShoppingCart();
       double totalPrice=0;
       for (int i=0; i<goodsPrice_String.length; i++){
          String goodsName=new String(goodsName_old[i].getBytes("iso8859-1"),
"utf-8");
          int id=Integer.parseInt(id_String[i]);
          double goodsPrice=Double.parseDouble(goodsPrice_String[i]);
          int shoppingNumber=Integer.parseInt(shoppingNumber_String[i]);
          totalPrice+=goodsPrice*shoppingNumber;
```

```
        Goods g=new Goods();
        g.setId(id);
        g.setGoodsName(goodsName);
        g.setGoodsPrice(goodsPrice);
        ShoppingGoods sp=new ShoppingGoods();
        sp.setGoods(g);
        sp.setShoppingNumber(shoppingNumber);
        cart.addToCart(sp);
    }
    request.getSession().setAttribute("ShoppingCart", cart);
    Map<Integer, ShoppingGoods> map=cart.getGoodsList();
    request.setAttribute("CartMap", map);
    request.setAttribute("TotalPrice", totalPrice);
    request.getRequestDispatcher("/confirmorder.jsp").forward
(request,response);
    } else {
    // 跳转回登录页面
    response.sendRedirect(request.getContextPath()+"/login.jsp");
    }
}
    public void doPost(HttpServletRequest request, HttpServletResponse
response)throws ServletException, IOException{
        doGet(request, response);
    }
}
```

步骤 4：编写提交订单的 Servlet，单击"提交订单"按钮，从 Session 中取出购物车中的商品，调用 OrderDao() 方法，将订单信息和订单详情信息插入数据库。

```
public class SubmitOrderServletextends HttpServlet{
    public void doGet(HttpServletRequest request, HttpServletResponse
response)throws ServletException, IOException{
    Map<Integer,ShoppingGoods> cart_map=(Map<Integer, ShoppingGoods>)
request.getSession().getAttribute("CART");
        //准备这两个信息: Order o,List<Order_dtl> oDtllist
        List<Orderdtl> oDtllist=new ArrayList<Orderdtl>();
        double totalprice=0;
        //遍历购 Map 集合中数据
        Collection<ShoppingGoods> coll=cart_map.values();
        Iterator<ShoppingGoods> it=coll.iterator();
        while(it.hasNext()){
        ShoppingGoods s=it.next();
        totalprice+=s.getShoppingNumber()*s.getGoods().getGoodsPrice();
//计算账单金额
        Orderdtl dtl=new Orderdtl();
        dtl.setGoods_id(s.getGoods().getId());
        dtl.setBuygoodsnumber(s.getShoppingNumber());
        oDtllist.add(dtl);
    }
```

```
    Order o=new Order();
    //从 session 中获取登录用户
    User u=request.getSession().getAttribute("LoginUser");
    o.setUser_id(u.getId());
    o.setDeliverystatus((short)0);   //可以在数据库中默认为未发货 0
    try{
        o.setOrderDate(DateUtil.getNowDateTime());
    }catch (ParseException e){
        // TODO Auto-generated catch block
        e.printStackTrace();
    }//得到当前的时间
    o.setTotalprice(totalprice);
  OrderDao dao=DaoFactory.getOrderDaoInstance();
    dao.saveOrder(o,oDtllist);
    //提交成功需要清空 session 中的购物车对象
    request.getSession().setAttribute("Shopping_Cart", null);
    request.getSession().setAttribute("CART", null);
    request.getRequestDispatcher("/success.jsp").forward(request,response);
    }
    public void doPost(HttpServletRequest request, HttpServletResponse
response)throws ServletException, IOException{
    doGet(request,response);
    }
}
```

操作成功后，分别向订单表和订单详情表插入了记录。当插入一条 id 为 34 的订单数据（见图 8-16）时，对应的订单详情表数据为第 79、80 行的数据，如图 8-17 所示。

id	user_id	totalprice	orderdate	deliverystatus	address	tel	contactname
34	1	115.000	2017-06-28 22:29:16	0	广东广州天河区中山大道西20号	18999009922	张小姐
(Auto)	(NULL)	(NULL)	(NULL)	0	(NULL)	(NULL)	(NULL)

图 8-16   订单表插入记录（序号做了调整）

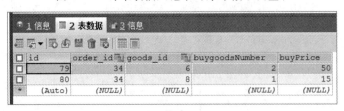

图 8-17   订单详情表插入记录

5. 后台管理首页

本系统将后台的页面用 frameset 分为三部分：顶部 top.jsp、左边菜单 menu.jsp、右边管理员信息页面 admininfo.jsp，如图 8-18 所示。在 index.jsp 中编写一个 frameset 框架，包含上述三部分，左边菜单所在的框架为 fraLeftFrame，右边页面主框架部分为 fraMainFrame。将 menu.jsp 页面显示菜单的所有链接设置为 target="fraMainFrame"，这样通过菜单所到达页面都在右边主框架中。在 menu.jsp 中用 body 的 onLoad 属性调用了

js 的函数<body onLoad="checkSession()">，判断 session 中是否有登录的对象，如果是就直接进入，否则跳转到登录页面。

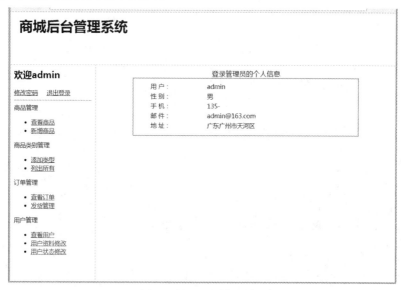

图 8-18　后台管理首页

步骤 1：编写后台首页框架 index.jsp。

```
<frameset rows="120,*" framespacing="0" border="1">
    <frame name="title" src="admin/top.jsp" scrolling="no" frameborder="0">
    <frameset cols="200,*" border="1">
     <frame name="fraLeftFrame" src="admin/menu.jsp" scrolling="no"
frameborder="1" />
        <frame name="fraMainFrame" src="admin/admininfo.jsp" frameborder="1">
    </frameset>
</frameset>
</html>
```

步骤 2：编写左边的 menu.jsp 页面，在里面加入 JS 代码控制是否登录，如果没有登录，则跳转到登录页面。注意 JS 中用到了 JSTL 的标签，所以必须将标签引入页面，否则 onload 不会执行。

```
<%@ page language="java" import="java.util.*" pageEncoding="utf-8"%>
<%@ taglib uri="http://java.sun.com/jsp/jstl/core" prefix="c"%>
<%
String path=request.getContextPath();
String basePath=request.getScheme()+"://"+request.getServerName()+":"+
request.getServerPort()+path+"/";
%>
<!DOCTYPE HTML PUBLIC "-//W3C//DTD HTML 4.01 Transitional//EN">
<html>
    <head>
        <base href="<%=basePath%>">
        <title>menu.jspe</title>
```

```
      <meta http-equiv="pragma" content="no-cache">
      <meta http-equiv="cache-control" content="no-cache">
      <meta http-equiv="expires" content="0">
      <meta http-equiv="keywords" content="keyword1,keyword2,keyword3">
      <meta http-equiv="description" content="This is my page">
      <script type="text/javascript">
        function checkSession(){
          <c:if test="${Login_Admin==null}">
            window.top.location.href="<%=basePath%>/adminlogin.jsp";
          </c:if>
          setTimeout(checkSession,1000);
        }
      </script>
   </head>
   <!-- <body> -->
   <body onload="checkSession()">
    <div class="left" style="font-size:14px;">
      <div class="admin">
      <h2>欢迎${Login_Admin.username}</h2>
      <div><a target="fraMainFrame" href="admin/updatadmininfo.jsp" >
修改个人信息</a>    
      <a target="top" href="servlet/AdminLoginOutServlet">退 出 登 录
</a></div>
      </div>
      <hr>
      <div id="Accordion1" class="Accordion" >
        <div class="AccordionPanel">
          <div class="AccordionPanelTab">商品管理</div>
          <div class="AccordionPanelContent">
          <ul>
            <li><a href="servlet/ListAllGoodsServlet" target= "fraMainFrame">
查看商品</a></li> <!-- target="fraMainFrame"会将目标定位于 frMainFrame 框架内-->
            <li><a href="servlet/GetGoodsCategoryListServlet" target=
"fraMainFrame">新增商品</a></li>
          </ul>
        </div>
      </div>
        <div>
          <div>商品类别管理</div>
          <div>
          <ul>
            <li><a href="#">添加类型</a></li>
            <li><a href="#">列出所有</a></li>
          </ul>
        </div>
      </div>
      <div class="AccordionPanel">
        <div class="AccordionPanelTab">订单管理</div>
        <div class="AccordionPanelContent">
          <ul>
```

```
            <li><a href="#">查看订单</a></li>
            <li><a href="#">订单发货</a></li>
        </ul>
      </div>
    </div>
    <div class="AccordionPanel">
        <div class="AccordionPanelTab">用户管理</div>
        <div class="AccordionPanelContent">
        <ul>
            <li><a href="#">用户删除</a></li>
            <li><a href="#">用户修改</a></li>
        </ul>
      </div>
    </div>
    </div>
    </div>
  </body>
</html>
```

步骤 3：编写顶部 top.jsp。

```
<%@ page language="java" import="java.util.*" pageEncoding="utf-8"%>
<!DOCTYPE HTML PUBLIC "-//W3C//DTD HTML 4.01 Transitional//EN">
<html>
  <head>
    <title>top.jsp</title>
  </head>
  <body>
    <h2>    欢迎来到 XX 商城系统后台</h2><br>
  </body>
</html>
```

步骤 4：编写右边管理员基本信息页面 admininfo.jsp。

```
<%@ page language="java" import="java.util.*" pageEncoding="utf-8"%>
<%
String path=request.getContextPath();
String basePath=request.getScheme()+"://"+request.getServerName()+":"+
request.getServerPort()+path+"/";
%>
<!DOCTYPE HTML PUBLIC "-//W3C//DTD HTML 4.01 Transitional//EN">
<html>
  <head>
    <base href="<%=basePath%>">
    <title>My JSP 'admininfo.jsp' starting page</title>
    <meta http-equiv="pragma" content="no-cache">
    <meta http-equiv="cache-control" content="no-cache">
    <meta http-equiv="expires" content="0">
    <meta http-equiv="keywords" content="keyword1,keyword2,keyword3">
    <meta http-equiv="description" content="This is my page">
    <!--
    <link rel="stylesheet" type="text/css" href="styles.css">
    -->
```

```
        </head>
        <body>
            <div align="center">
                    登录管理员的个人信息
                    <fieldset style="width:500px;">
                        <table width="450"align="center"style="font-size:14px;">
                            <tr align="left">
                                <td>用 户: </td>
                                <td>${Login_Admin.username}</td>
                            </tr>
                            <tr align="left">
                                <td>性 别: </td>
                                <td>
                                    ${Login_Admin.sex }
                                </td>
                            </tr>
                            <tr align="left">
                                <td>手 机: </td>
                                <td>${Login_Admin.tel}</td>
                            </tr>
                            <tr align="left">
                                <td>邮 件: </td>
                                <td>${Login_Admin.email}</td>
                            </tr>
                            <tr align="left">
                                <td>地 址: </td>
                                <td>${Login_Admin.address}</td>
                            </tr>
                        </table>
                    </fieldset>
            </div>
        </body>
</html>
```

步骤 5：编写管理员实体类

```
public class Admin{
    private int id;
    private String username;
    private String password;
    private String sex;
    private String tel;
    private String email;
    private String address;
    //get set 方法省略
}
```

步骤 6：编写管理员登录 AdminLoginServlet.java，此处进行简单处理，实例化一个管理员对象 AdminUser 存入 Session。

```
import java.io.IOException;
import javax.servlet.ServletException;
import javax.servlet.http.HttpServlet;
import javax.servlet.http.HttpServletRequest;
```

```java
import javax.servlet.http.HttpServletResponse;
import com.shop.bean.Admin;
public class AdminLoginServlet extends HttpServlet{
    public void doPost(HttpServletRequest request, HttpServletResponse
response)throws ServletException, IOException{
        String username=request.getParameter("username");
        String password=request.getParameter("password");
        if("admin".equals(username)&&"123".equals(password)){
            //跳转到admin/index.jsp
            //将管理员对象共享到session
            //应该是从Dao中查询到一个Admin对象，此处是模拟
            Admin admin=new Admin();
            admin.setUsername("admin");
            admin.setEmail("admin@163.com");
            admin.setSex("男");
            admin.setTel("135-");
            admin.setAddress("广东广州市天河区");
            request.getSession().setAttribute("Login_Admin",admin);
            System.out.println(request.getContextPath()+"/admin/index.jsp");
            response.sendRedirect(request.getContextPath()+"/admin/index.jsp");
        }
        else{
            request.setAttribute("error", "用户名或密码错误");
            request.getRequestDispatcher("/adminlogin.jsp").forward
(request, response);
        }
    }
}
```

6. 后台商品添加

后台单个商品添加有如下几个要点：

① UEditor 编辑器的使用。

② 商品类别下拉列表显示：查询商品类别表，得到 List 对象结果后，共享到页面，在页面上将下拉列表显示出来。

③ 商品图片的上传。

详细步骤如下：

步骤 1：编写商品添加页面/admin/addGoodsjsp

```jsp
<%@page language="java" import="java.util.*" pageEncoding="UTF-8"%>
<%@taglib prefix="c" uri="http://java.sun.com/jsp/jstl/core"%>
<%
    String path=request.getContextPath();
    String basePath=request.getScheme()+"://"+request.getServerName()
+ ":" + request.getServerPort()+ path + "/";
%>
<!DOCTYPE HTML PUBLIC "-//W3C//DTD HTML 4.01 Transitional//EN">
<html>
<head>
<title>新增商品</title>
</head>
```

```
<body>
    <div align="center">
    <fieldset style="width:900px;">
    <legend>添加物品</legend>
    <form name="addGoodsform" action="<%=basePath%>/servlet/admin/
AddGoodsServlet" target="fraMainFrame" method="post" enctype="multipart/
form-data">
    <table width="850" align="center" style="font-size:14px;">
    <tr align="left">
        <td>商品类型: </td>
        <td><select name="category_id">
        <c:forEach items="${TypeList}" var="goodsType">
        <option value="${goodsType.id}">$ {goodsType.typeName}</option>
        </c:forEach>
        </select>
        </td>
    </tr>
    <tr align="left">
        <td>标题: </td>
        <td><input type="text" name="goodsName" size="50">
        </td>
    </tr>
    <tr align="left">
        <td>价格: </td>
        <td><input type="text" name="goodsPrice" size="50">
        </td>
    </tr>
    <tr align="left">
        <td>库存数量: </td>
        <td><input type="text" name="goodsNumber" size="50">
        </td>
    </tr>
    <tr align="left">
        <td>上架日期: </td>
        <td><input type="text" name="uploadDate" size="50">
        </td>
    </tr>
    <tr align="left">
        <td>物品封面: </td>
        <td><input type="file" name="goodsPic" size="40"/>
        </td>
    </tr>
    <tr align="left">
        <td>物品详情描述: </td>
        <td>
        <!-- 加载编辑器的容器 -->
        <script id="container" name="goodsDetail" type="text/plain" style=
"width:700px;height:240px;">
            在这里添加商品介绍......
        </script>
        <!-- 配置文件 -->
```

```
        <script type="text/javascript" src="<%=basePath%>/ueditor/ ueditor.
config.js"> </script>
        <!-- 编辑器源码文件 -->
        <script type="text/javascript" src="<%=basePath%>/ueditor/ueditor.
all.js"></script>
        <!-- 实例化编辑器 -->
        <script type="text/javascript">
    var ue=UE.getEditor('container');
    </script>
    </td>
    </tr>
    </table>
    <table>
    <tr>
        <td><input type="submit" value="提交"/></td>
        <td><input type="button" onclick="" value="重置"/></td>
    </tr>
    </table>
    </form>
    </fieldset>
    </div>
</body>
</html>
```

步骤 2：编写商品实体类。

```
public class Goods{
    private int id;
    private String goodsName;
    private Double goodsPrice;
    private String goodsDetail;
    private int goodsNumber;
    private int category_id;
    private String goodsPic;
    private java.sql.Date uploadDate;
    private int status;
    //get set 方法省略
}
```

步骤 3：编写商品保存的 Dao 接口和实现类。

```
public interface GoodsDao{
    public void addGoods(Goods goods);
    public List<Goods> listGoodsByPage(int pageIndex,int pageSize);
                    //pageIndex 是页码，pageSize 是每一页显示的记录数
    public int countGoods(); //返回所有的商品数目，方便计算出整个页数有多少
    public Goods getGoodsById(int id);
    public List<Goods> listGoodsByCategory(int categroyId,int pageIndex,
int pageSize);
    }
    public class GoodsDaoImpl implements GoodsDao {
    @Override
    public void addGoods(Goods goods) {
        ConnectionUtil util=new ConnectionUtil();
```

```
        Connection conn=util.getConnection();
        try{
        String sql="insert into goods(goodsname,goodsprice,goodsdetail," +
"goodsnumber,goodspic,category_id,uploadtime) values(?,?,?,?,?,?,?)";
        PreparedStatement ps=conn.prepareStatement(sql);
        ps.setString(1, goods.getGoodsName());
        ps.setDouble(2, goods.getGoodsPrice());
        ps.setString(3, goods.getGoodsDetail());
        ps.setInt(4, goods.getGoodsNumber());
        ps.setString(5, goods.getGoodsPic());
        ps.setInt(6, goods.getCategory_id());

        //如果只需要日期，则实体类中表示时间的字段，使用 java.sql.Date 类即可
（数据库中查询出来是 rs.getDate()向 PreparedStatement 中注入值是 ps.setDate()）
        //ps.setDate(parameterIndex, x)
        //ps.setTime(parameterIndex, x)
        ps.setTimestamp(7, goods.getUploadTime());
        ps.execute();
        System.out.println("商品成功插入数据库");
    }catch (SQLException e){
      e.printStackTrace();
    }
    finally{
        if(conn!=null)
        try{
            conn.close();
        } catch (SQLException e){
            // TODO Auto-generated catch block
            e.printStackTrace();
        }
    }
    //其他方法省略
}
```

步骤 4：编写上传文件 Servlet，调用 GoodsDao，将上传文件保存到数据库。

```
import java.io.File;
import java.io.FileOutputStream;
import java.io.IOException;
import java.io.InputStream;
import java.sql.Timestamp;
import java.text.ParseException;
import java.text.SimpleDateFormat;
import java.util.List;
import java.util.UUID;
import javax.servlet.ServletException;
import javax.servlet.http.HttpServlet;
import javax.servlet.http.HttpServletRequest;
import javax.servlet.http.HttpServletResponse;
import org.apache.commons.fileupload.FileItem;
import org.apache.commons.fileupload.FileUploadException;
import org.apache.commons.fileupload.disk.DiskFileItemFactory;
import org.apache.commons.fileupload.servlet.ServletFileUpload;
```

```
import com.shop.bean.Goods;
import com.shop.dao.GoodsDao;
import com.shop.factory.DaoFactory;
public class AddGoodsServlet extends HttpServlet{
    public void doPost(HttpServletRequest request, HttpServletResponse
response) throws ServletException, IOException{

        //接收表单数据、实现文件的上传:将上传的图片保存在服务器的文件夹中将表单数
据封装为 Goods 对象，调用 GoodsDao 中的保存方法
        DiskFileItemFactory factory=new DiskFileItemFactory();
        factory.setSizeThreshold(1020*1024);   //设置上传缓冲区的大小
        ServletFileUpload upload=new ServletFileUpload(factory);
        /*private String goodsName;
        private Double goodsPrice;
        private String goodsDetail;
        private int goodsNumber;
        private int category_id;
        private String goodsPic;
        private java.sql.Timestamp uploadTime;   //对应了数据库中的 datetime
                                                 //时间类型

        int category_id=0;
        String goodsName=null;
        double goodsPrice=0;
        String goodsPic=null;
        java.sql.Timestamp uploadTime=null;
        String goodsDetail=null;
        int goodsNumber=0;
        try{
            //parseRequest 方法，将请求数据包 request 中的上传信息解析，并封装到
List<FileItem> list
            List<FileItem> list=upload.parseRequest(request);
            for(FileItem item:list){
                //分别将普通表单字段和文件字段解析出来
                if(item.isFormField()){   //当前 Item 是普通表单字段
                    String fieldName=item.getFieldName();   //得到表单字段的名称
                    if("category_id".endsWith(fieldName)){
                        category_id=Integer.parseInt( item.getString ("utf-8"));
                    }
                    if("goodsName".endsWith(fieldName)){
                        goodsName=item.getString("utf-8");
                    }
                    if("goodsPrice".endsWith(fieldName)){
                        goodsPrice=Double.parseDouble(item.getString ("utf-8"));
                    }
                    if("uploadTime".endsWith(fieldName)){
                        String uploadTime_String=item.getString ("utf-8");
                                                         //2017-6-14 09:20:15
                        //把 2017-6-14 09:20:15 转换为 java.sql.Timestamp 类型的对象
                        SimpleDateFormat simpleDateFormat=new SimpleDateFormat
("yyyy-MM-dd hh:mm:ss");
                        // 以 "yyyy-MM-dd hh:mm:ss" 格式解析日期类型，返回值是
java.util.Date
```

```
                java.util.Date date=simpleDateFormat.parse (uploadTime_String);
                uploadTime=new Timestamp(date.getTime());
            }
            if("goodsDetail".endsWith(fieldName)){
                goodsDetail=item.getString("utf-8");
            }
            if("goodsNumber".endsWith(fieldName)){
                goodsNumber=Integer.parseInt(item.getString ("utf-8"));
            }
        }
        else{
            //当前 Item 是文件
            String fileName=item.getName(); //得到上传文件的名称 sunSet.jpg
            //重命名上传图片, 使这个名称唯一
            //(1)取出上传文件的扩展名:从最后一个开始, 到文件末尾
            String   suffix=fileName.substring(fileName.  lastIndexOf
(".") , fileName.length());
            //(2)将上传名称改造
            String fileName_new=UUID.randomUUID().toString()+ suffix;
            goodsPic=fileName_new;
            //(3)将上传的文件保存到服务器文件夹中
            InputStream in=item.getInputStream();
            String dir=this.getServletContext().getRealPath ("/goodsPicFile");
            File uploadFile=new File(dir,fileName_new);
            FileOutputStream out=new FileOutputStream (uploadFile);
            byte [] buffer=new byte[1024];
            int len;
            while((len=in.read(buffer))>0){
                out.write(buffer,0,len);
            }
            in.close();
            out.close();
            item.delete(); //删除临时文件
        }
    }
    Goods goods=new Goods( goodsName, goodsPrice, goodsDetail,
goodsNumber, category_id, "goodsPicFile/ "+goodsPic,uploadTime);
    GoodsDao dao=DaoFactory.getGoodsDaoInstance();
    dao.addGoods(goods);
    request.getRequestDispatcher("/admin/success.jsp").
forward(request, response);
    } catch (FileUploadException e){
     // TODO Auto-generated catch block
     e.printStackTrace();
    } catch (ParseException e){
     // TODO Auto-generated catch block
     e.printStackTrace();
    }
  }
}
```

步骤 5：运行程序，如图 8-19 所示，添加到数据库后，结果如图 8-20 所示。

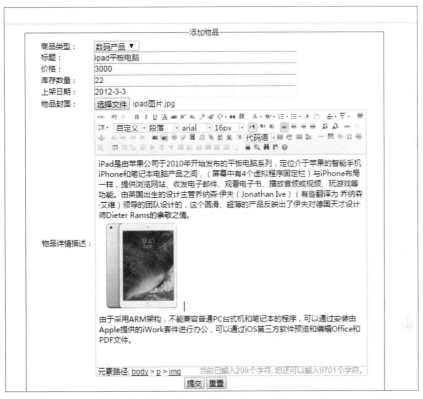

图 8-19　商品添加页面

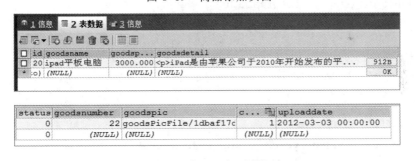

图 8-20　商品添加到数据库

　　本系统的其他功能，如查看单个商品、后台商品修改、订单管理、用户管理等功能实现较为简单，在本书前面单元中对相关知识有所讲解和举例，读者可按照所掌握的知识来完成，此处不再详述。详细内容可参考教材源码。

思考练习答案

单元一

一、选择题

1．A　　2．D　　3．C　　4．A　　5．B　　6．C　　7．A

二、填空题

1．GET 请求、POST 请求

2．http://localhost:8080/

3．http://localhost:8080/MyShop/index.jsp

单元二

一、选择题

1．C　　2．B　　3．B　　4．C　　5．B　　6．B　　7．A　　8．B

二、填空题

1．request.getRequestDispacher("/index.jsp").forward(request,response);、response.sendRedirect("/index.jsp");

2．out.println("<head>");

3．LoginServlet

4．application.remove("TestAppliation")

单元三

一、选择题

1．C　2．C　3．A　4．B　5．D　6．B　7．A　8．A　9．B　10.B

二、填空题

1．request，response

2．response.setContentType("text/html;charset=utf-8");

3．out、request、response、pageContext、session、application、page、config、exception

4．session

5．跳转到另外一个页面

6．<%! %>、<%= %>、<%%>

7．<!-- -->、<%-- --%>

8．java

9．page、request、session、application

单元四

选择题

1．B　　2．B　　3．C　　4．A　　5．B

单元五

一、选择题

1．C 2．A 3．A 4．B 5．D 6．B

单元六

一、选择题

1．D 2．C 3．B 4．D 5．A 6．B 7．C 8．C 9．B
10．C 11．A 12．C 13．C 14．D

二、填空题

1．ResultSet 查询得到的结果集

2．http://localhost:3306

3．rs.getString("name")；

4．connection.setAutoCommit(false);con.commit();

单元七

一、选择题

1．B 2．B 3．B 4．C 5．D 6．A

二、填空题

1．<c:set var="user "value="u" scope="request"></c:set>

2．页面的跳转

参 考 文 献

[1] 李刚. 轻量级 Java EE 企业应用实战：Struts2+Spring4+Hibernate 整合开发[M]. 北京：电子工业出版社，2014.

[2] 沈泽刚，秦玉平. Java Web 编程技术[M]. 北京：清华大学出版社，2014.

[3] 梁胜彬，乔保军. Java Web 应用开发与实践[M]. 北京：清华大学出版社，2016.

[4] 李刚. 疯狂 Java 讲义[M]. 北京：电子工业出版社，2014.

[5] 李宁，刘岩，张国平. Java Web 编程实战宝典：JSP+Servlet+Struts2+Hibernate+ Spring+Ajax[M]. 北京：清华大学出版社，2014.